学ぶ人は、
変えてゆく人だ。

目の前にある問題はもちろん、
人生の問いや、
社会の課題を自ら見つけ、
挑み続けるために、人は学ぶ。
「学び」で、
少しずつ世界は変えてゆける。
いつでも、どこでも、誰でも、
学ぶことができる世の中へ。

旺文社

高校入試

入試問題で覚える

一問一答

理科

改訂版

旺文社

もくじ

物理編

化学編

生物編

地学編

資料編

STAFF
●装丁:内津剛(及川真咲デザイン事務所)
●本文デザイン:前田由美子(有限会社アチワデザイン室)
●編集協力:下村良枝
●校閲:田中麻衣子, 平松元子, 山﨑真理

本書の特長と使い方

本書は，高校入試に出題された問題をもとに作成した一問一答形式の暗記本です。問題の答えや覚えておくべき部分が赤色になっているので，付属の赤セルシートで隠しながら確認しましょう。

化学編

生物編

地学編

物理，化学，生物，地学の順に単元ごとに重要事項を一問一答形式の問題でまとめています。

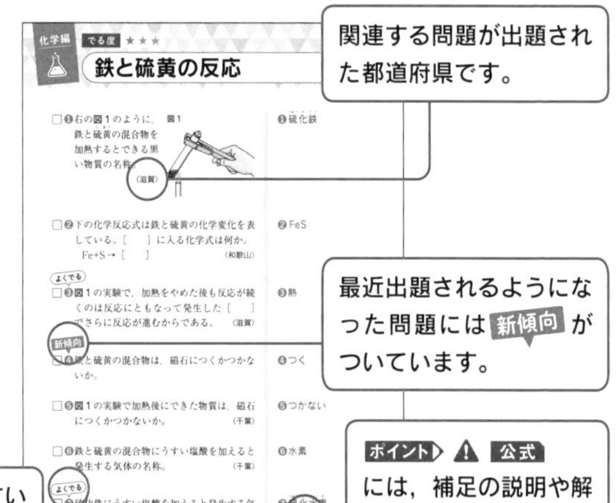

資料編

よく使う試薬や公式など，まとめて覚えておくべき資料を収録しています。

おもな試薬・指示薬

役割	薬品名	性質
酸・アルカリの検出	青色リトマス紙	［酸］性の水溶液に反応して，青色→［赤］色と変化する。
	赤色リトマス紙	［アルカリ］性の水溶液に反応して，赤色→［青］色と変化する。
	BTB(溶)液	酸性 ⇔ 中性 ⇔ アルカリ性 ［黄］色 ［緑］色 ［青］色
	フェノールフタレイン(溶)液	酸性・中性⇔アルカリ性 ［無］色 ［赤］色
	ムラサキキャベツ液	酸性 ⇔ 中性 ⇔ アルカリ性 ［赤］色 ［紫］色 ［黄］色
二酸化炭素の検出	［石灰水］	二酸化炭素を通すと，［白く］にごる。
デンプンの検出	［ヨウ素液］	デンプンがあると，［青紫］色に変化する。
ブドウ糖や麦芽糖の検出	［ベネジクト液］	水溶液に混ぜて［加熱］する。ブドウ糖や麦芽糖があると，［赤褐］色の沈殿ができる。
水の検出	［塩化コバルト紙］	水があると，青色から［赤］色(桃色)に変化する。
細胞の核の染色	酢酸カーミン(溶)液	細胞中の核を［赤］色に染める。
	酢酸オルセイン(溶)液	細胞中の核を［赤紫］色に染める。
	酢酸ダーリア(溶)液	細胞中の核を［青紫］色に染める。

▶148　資料編

おもな公式・法則

関係項目	公式・法則名等	内容
光	反射の法則	入射角＝［反射角］
ばね	［フック］の法則	ばねののびは力の大きさに［比例］する。
密度	密度の求め方	密度(g/cm³)＝物体の［質量］(g)／物体の［体積］(cm³)
濃度	質量パーセント濃度の求め方	質量パーセント濃度(%)＝［溶質］の質量(g)／［溶液］の質量(g)×100 ＝［溶質］の質量(g)／（［溶媒］の質量(g)＋［溶質］の質量(g)）×100
電流と電圧	直列回路の電流	直列回路に流れる電流の大きさはどこでも［同じ］。
	並列回路の電流	並列回路の枝分かれした部分の電流の大きさの［和］は，分かれる前の電流の大きさに等しい。
	直列回路の電圧	直列回路の各部分に加わる電圧の［和］は，電源の電圧に等しい。
	並列回路の電圧	並列回路の各部分に加わる電圧は，［電源］の電圧に等しい。
	［オーム］の法則	電気抵抗を流れる電流の大きさは，［電圧］に比例する。電流 I(A)，電圧 V(V)，抵抗 R(Ω) のとき，V＝［RI］，I＝［$\frac{V}{R}$］，R＝［$\frac{V}{I}$］
電力	電力の求め方	電力(W)＝電流(A)×［電圧］(V)
熱量	熱量の求め方	熱量(J)＝［電力］(W)×時間(s)
圧力	圧力の求め方	圧力(Pa, N/m²)＝面を［垂直］に押す力(N)／力がはたらく面積(m²)
浮力	浮力を求める式	(浮力)＝(［空気］中のばねばかりの値)－(［液体］中のばねばかりの値)
	アルキメデスの原理	物体を液体中に沈めたとき，その物体には押しのけた液体の［重さ］と等しい浮力が［上］向きにはたらく。

▶150　資料編

※本書に掲載されている問題の多くは，高校入試に出題された問題をもとにしています。入試に出る重要事項をよりスムーズに暗記できるよう，実際の入試問題から一問一答形式の問題を作成しています。

物理編

でる度 ★★★

光の進み方

□❶みずから光を発するものを［　　］という。〈静岡〉	❶光源（こうげん）
□❷光が１種類の物質の中をまっすぐ進む現象。	❷（光の）直進（ちょくしん）
□❸光が鏡などの表面に当たってはね返ること。〈和歌山〉	❸（光の）反射（はんしゃ）
□❹下の**図１**で，∠aを表す名称。〈和歌山〉	❹入射角（にゅうしゃかく）

図１

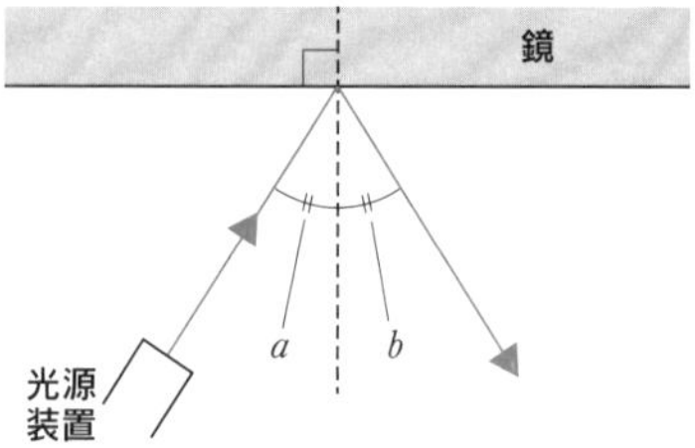

鏡

a　b

光源装置

□❺**図１**で，∠bを表す名称。〈徳島〉	❺反射角（はんしゃかく）
よくでる □❻反射の法則とは，**図１**で，∠aと∠bの大きさが［　　］ことをいう。〈千葉〉	❻等しい〔同じ〕
よくでる □❼右の**図２**で，点Aから点Bに，光を鏡に反射させて届けるとき，**ア～オ**のどの点に光を当てればよいか。〈広島〉	❼エ

図２

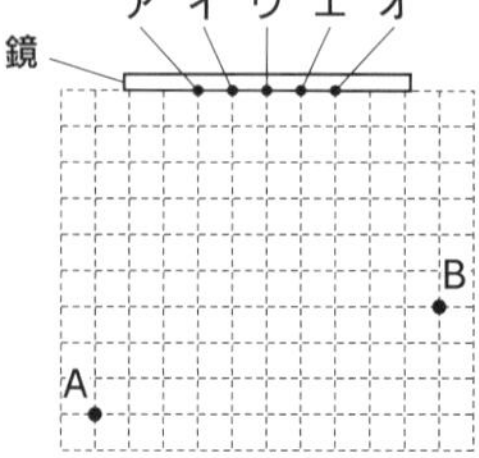

鏡

ア　イ　ウ　エ　オ

A

B

ポイント

鏡

アイウエオ

A

B

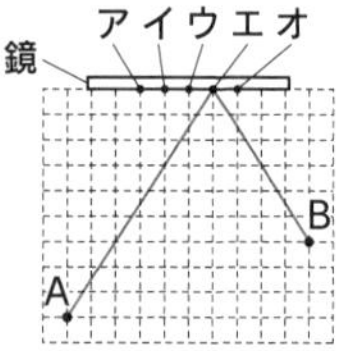

よくでる

□ ❽光が種類のちがう物質へ進むとき，２つの物質の境界で折れ曲がる現象。〈静岡〉

❽(光の)屈折(くっせつ)

□ ❾下の図３は，空気中からガラス中へ進む光の道すじを表したものである。∠aを表す名称。〈埼玉〉

❾入射角

図３

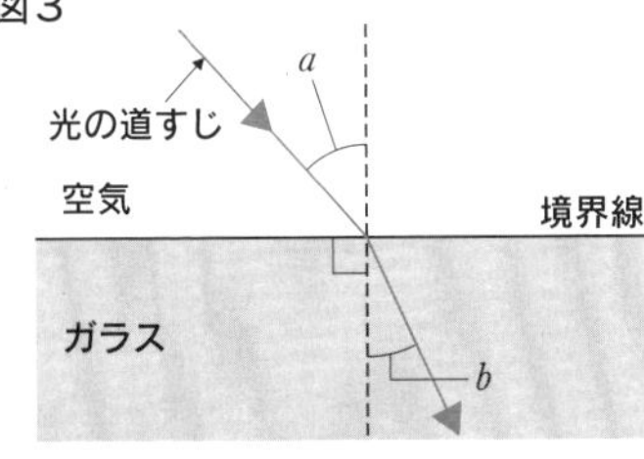

□ ❿図３で，∠bを表す名称。〈埼玉〉

❿屈折角(くっせつかく)

よくでる

□ ⓫下の図４で，ガラス中から空気中に進んだ光の道すじはア～ウのうちどれか。〈神奈川〉

図４

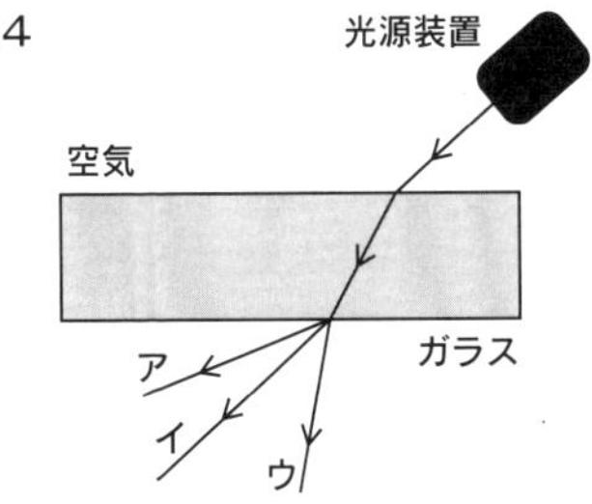

⓫イ

ポイント 光がガラス中から空気中に出るときは入射角＜屈折角。空気中からガラス中に入るときは入射角＞屈折角。
ガラス中から空気中に出た光の道すじは，ガラスに入る前の空気中を進む光の道すじと平行になる。

よくでる

□ ⓬水中から空気中に進む光がある角度以上で入射するときに，水面ですべて反射される現象。〈鹿児島〉

⓬全反射(ぜんはんしゃ)

□ ⓭光がでこぼこした面に当たって，いろいろな方向にはね返ること。〈山口〉

⓭乱反射(らんはんしゃ)

でる度 ★★★

凸レンズを通った光

□ ❶凸レンズの中心を通り，凸レンズの面に垂直な直線のこと。

❶光軸〔凸レンズの軸〕

□ ❷物体から光軸に平行に出た光が凸レンズを通ると，光は屈折し，［　　］という1点を通る。〈静岡〉

❷焦点

□ ❸下の**図1**で，焦点を通って凸レンズに入射した光は**ア**～**エ**のうちどの方向に進むか。〈沖縄〉

図1

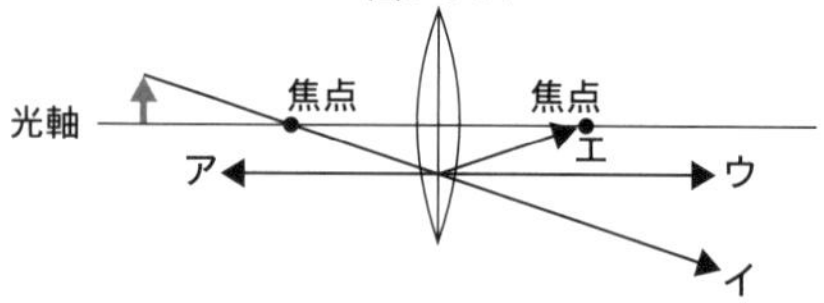

凸レンズ
光軸
焦点
焦点
ア
イ
ウ
エ

❸ウ

ポイント 焦点を通って凸レンズに入った光は，光軸に平行に進む。

□ ❹下の**図2**のような実験装置で，物体から出た光が凸レンズで屈折して集まり，スクリーンに映った。この像の名称。〈宮城〉

図2

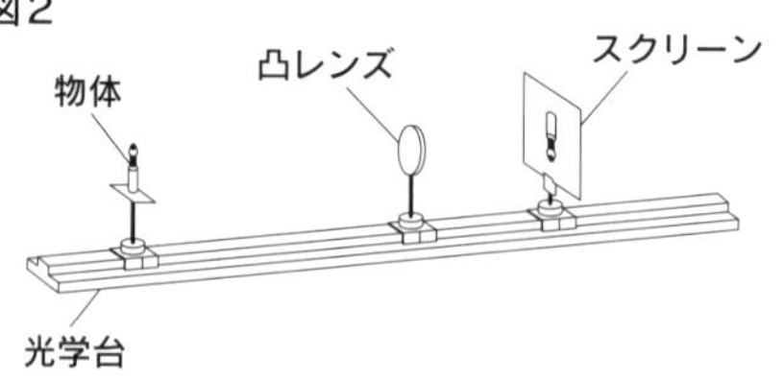

❹実像

ポイント 実像は物体と比べて上下左右が逆向きの像である。

よくでる

□ ❺**図2**の実験装置で，物体が凸レンズから焦点距離の2倍の位置にあるとき，実像はどの位置にできるか。〈長崎〉

❺焦点距離の2倍の位置

□ ❻図2の実験装置で，物体が凸レンズから焦点距離の2倍の位置にあるとき，物体の大きさとスクリーン上にできる実像の大きさは［　　］である。〈山梨〉

❻同じ

よくでる

□ ❼図2の実験装置で，物体の位置が凸レンズから焦点距離の2倍の位置より遠い場合，スクリーン上にできる実像と凸レンズの距離は焦点距離の2倍よりも［　　］。〈神奈川〉

❼短い

□ ❽図2の実験装置で，物体が凸レンズから焦点距離の2倍の位置より遠い位置にあるとき，物体よりもスクリーン上にできる実像の方が大きさは［　　］。〈神奈川〉

❽小さい

□ ❾図2の実験装置で，物体と凸レンズの距離を焦点距離よりも長い範囲で短くするとき，凸レンズとスクリーン上にできる実像の距離は［　　］なる。〈長崎〉

❾長く

よくでる

□ ❿図2の実験装置で，物体と凸レンズの距離を焦点距離より長い範囲で短くするとき，スクリーン上にできる実像の大きさは物体の大きさより［　　］なる。〈長崎〉

❿大きく

□ ⓫凸レンズを通して物体を見るとき，物体が凸レンズと焦点の間にあるときに見られる像。〈鹿児島〉

⓫虚像（きょぞう）

⚠ 虚像はスクリーン上にはできない。ルーペで見えるのは虚像。

□ ⓬虚像は物体と比べて，上下左右は［　A　］で，実物よりも［　B　］見える。〈岐阜〉

⓬A：そのまま〔同じ〕
B：大きく

物理編
化学編
生物編
地学編
資料編

物理編

でる度 ★★★

音の性質

□ ❶音源(発音体)の振動の幅のこと。

❶振幅

□ ❷音源が1秒間に振動する回数のこと。

❷振動数

⚠ 単位はHz。

□ ❸音は空気などの［　　］が耳に伝わることで聞こえる。〈兵庫〉

❸振動

□ ❹容器の中でブザーを鳴らしながら，真空ポンプで空気を抜いていくと音が［　　］なる。

❹聞こえにくく〔小さく〕

よくでる

□ ❺落雷の光が見えてから，音が遅れて聞こえるのは，音の伝わる速さが光の伝わる速さに比べてはるかに［　　］からである。〈鹿児島〉

❺遅い〔小さい〕

よくでる

□ ❻花火が見えてから2秒後に音が聞こえたとき，打ち上げられた花火は何m先で開いたか。ただし，音の伝わる速さは340m/sとする。〈愛媛〉

❻680m

ポイント

340〔m/s〕×2〔s〕
＝680〔m〕

□ ❼オシロスコープでは，音の大きさは波の高さである［　　］で表される。

❼振幅

□ ❽オシロスコープでは，音の高さは波の［　　］で表される。音の大きさを変えても，この［　　］は常に同じである。〈茨城〉

❽振動数

よくでる

□ ❾下の図は，音の波形をオシロスコープに映したものである。**ア**，**イ**のうち，大きい音を表している波はどちらか。〈長崎〉

ア

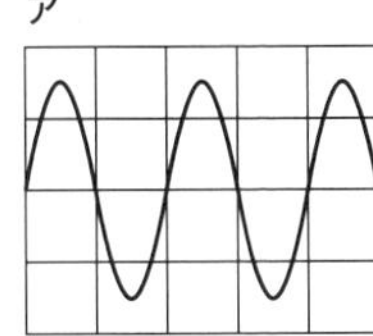

イ

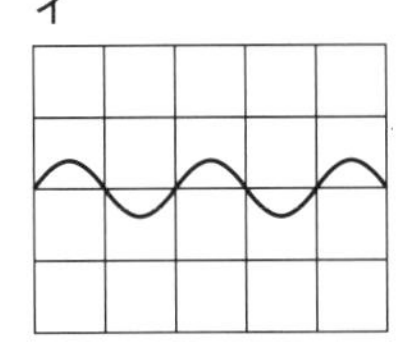

❾ア

ポイント 大きい音の方が振幅が大きい。

よくでる

□ ❿下の図は，音の波形をオシロスコープに映したものである。**ア**，**イ**のうち，高い音を表している波はどちらか。〈岐阜〉

ア

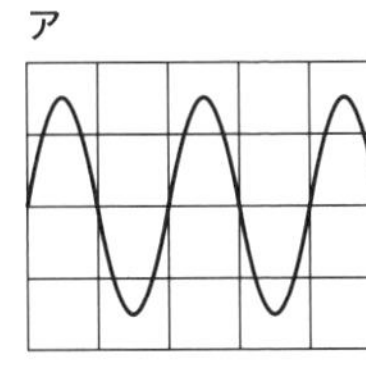

イ

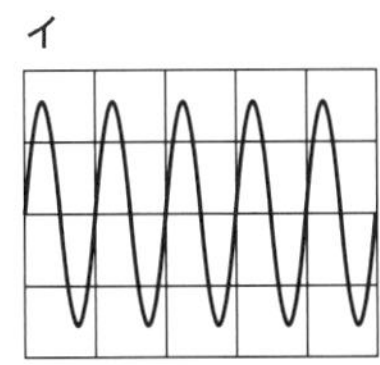

❿イ

ポイント 高い音の方が振動数が多い。

□ ⓫モノコードの弦の長さを［　　］すると，振動数が多くなり，音が高くなる。〈長崎〉

⓫短く

□ ⓬モノコードの弦を［　　］く張ると，振動数が多くなり，音が高くなる。〈長崎〉

⓬強

□ ⓭モノコードの音を大きくするには，弦を［　　］くはじけばよい。

⓭強

□ ⓮モノコードの弦をはじく強さを変えても，音の［　　］は変わらない。〈栃木〉

⓮高さ〔振動数〕

物理編　でる度 ★★★

力のはたらき

□ ❶力のはたらきには次の3つがある。
・物体の［　A　］を変える。
・物体の［　B　］のようすを変える。
・物体を持ち上げたり［　C　］たりする。

❶A：形
B：運動
C：支え

□ ❷力の大きさを表す単位Nの読み方。〈和歌山〉

❷ニュートン

□ ❸地球が物体を地球の中心に向かって引っぱる力のこと。

❸重力（じゅうりょく）

□ ❹板の上に物体を置いたときに板が物体を押し返す力のこと。〈三重〉

❹垂直抗力（すいちょくこうりょく）

よくでる
□ ❺ばねにはたらく力の大きさとばねののびの間に［　A　］の関係があるという法則（ほうそく）を［　B　］という。〈千葉〉

❺A：比例
B：フックの法則

よくでる
□ ❻下の**図1**のような性質をもつばねに，重さ0.9Nの物体をつるしたときのばねののびは何cmか。〈神奈川〉

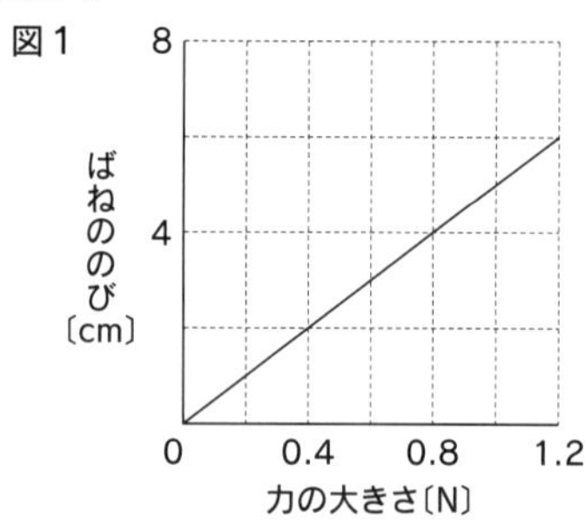

❻4.5cm

ポイント 0.4Nで2cmのびているので，1Nあたり5cmのびることがわかる。
5〔cm〕×0.9
＝4.5〔cm〕

□ ❼ **図1**のような性質をもつばねに物体をつるすと，ばねののびが6cmになった。つるした物体の重さは何Nか。

❼ 1.2N

ポイント 図1で，ばねののびが6cmのときの力の大きさ＝物体の重さ　を読みとる。

□ ❽ 右の**図2**のように，ばねにおもりをつるすと静止した。このとき，おもりには[　A　]と[　B　]の2つの力がはたらいてつり合っている。

〈神奈川〉

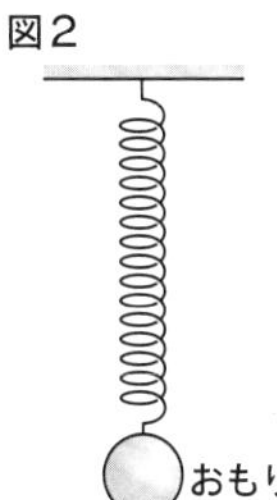

❽ A：重力

B：ばねがおもりを引く力〔弾(だん)性力(せいりょく)〕

（順不同）

ポイント 力のつり合いは，1つの物体にはたらく力の関係である。

□ ❾ 1つの物体に2つの力がはたらいてつり合っているときの条件には次の3つがある。

・2つの力の大きさが［　A　］。

・2つの力が［　B　］上にある。

・力の向きが［　C　］である。

〈埼玉〉

❾ A：等しい〔同じ〕

B：一直線

C：逆向き〔逆，反対〕

□ ❿ 下の**図3**で，力Fとつり合う力の大きさと向きを，O点から1本の矢印でかけ。

〈北海道〉

図3

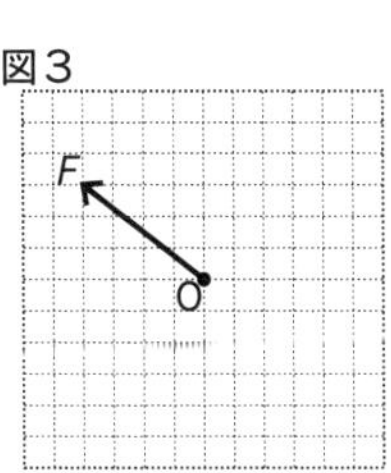

❿

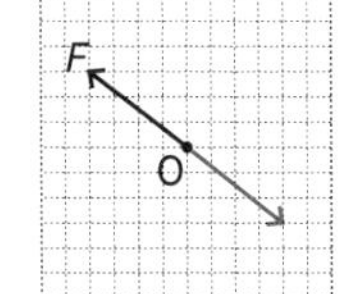

ポイント 力Fの矢印と等しい長さで，一直線上にある逆向きの矢印をかく。

物理編　化学編　生物編　地学編　資料編

でる度 ★★★

電流の性質

よくでる

□ ❶下の図1の電気用図記号の名称をそれぞれ答えよ。〈山口〉

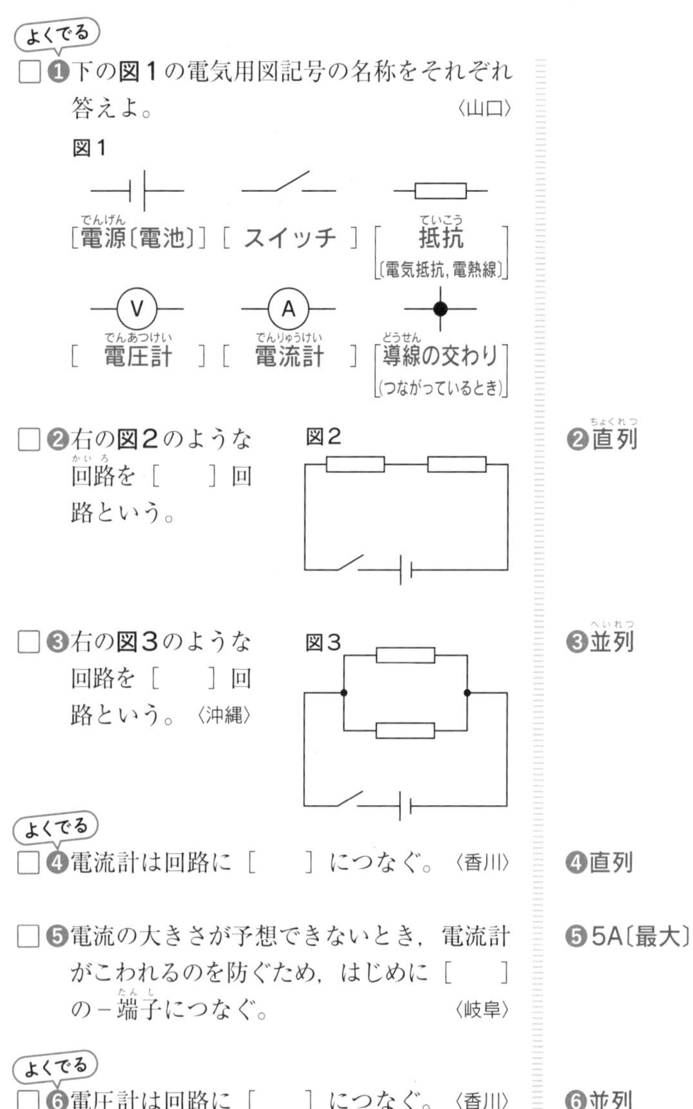

□ ❷右の図2のような回路(かいろ)を［　　］回路という。

❷直列(ちょくれつ)

□ ❸右の図3のような回路を［　　］回路という。〈沖縄〉

❸並列(へいれつ)

よくでる

□ ❹電流計は回路に［　　］につなぐ。〈香川〉

❹直列

□ ❺電流の大きさが予想できないとき，電流計がこわれるのを防ぐため，はじめに［　　］の－端子(たんし)につなぐ。〈岐阜〉

❺5A〔最大〕

よくでる

□ ❻電圧計は回路に［　　］につなぐ。〈香川〉

❻並列

よくでる

□ ❼回路に電流計の500mAの－端子をつないで電流をはかると，下の**図4**のような値を示した。電流の大きさは何mAか。〈高知〉

図4

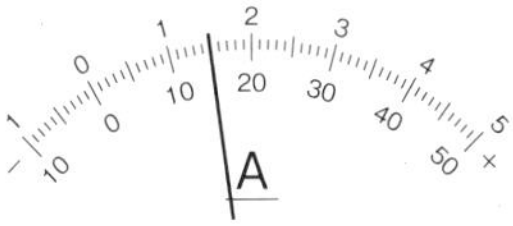

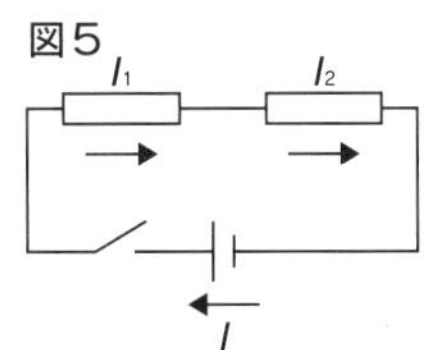

❼ 150mA

⚠ 500mAの－端子につないだときは，最大目盛りの50が500mAを表す。

□ ❽右の**図5**のような直列回路では，電流 I, I_1, I_2 の間には I[A]I_1[B]I_2 の関係が成り立つ。

図5

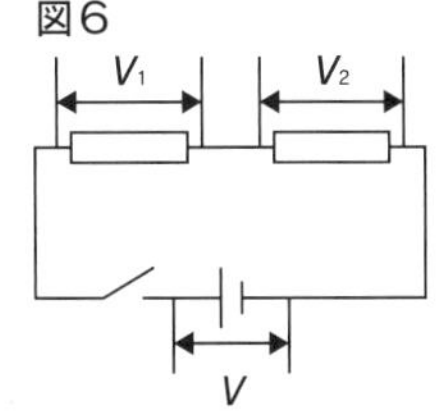

❽ A：＝
B：＝

□ ❾右の**図6**のような直列回路では，電圧 V, V_1, V_2 の間には V=[　　] の関係が成り立つ。

図6

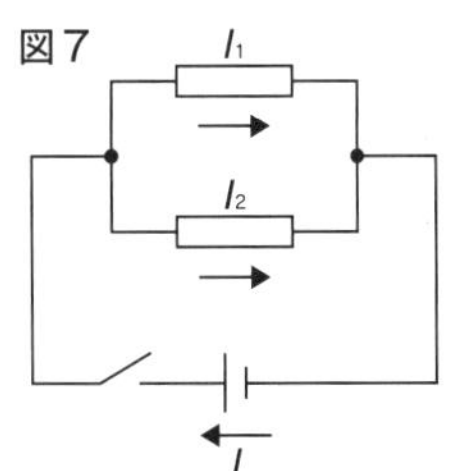

❾ $V_1 + V_2$

□ ❿右の**図7**のような並列回路では，電流 I, I_1, I_2 の間には I=[　　] の関係が成り立つ。

図7

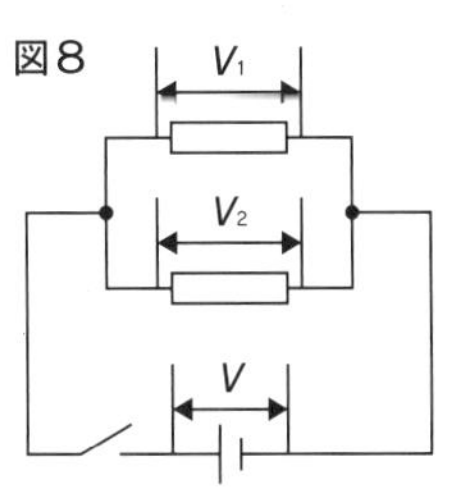

❿ $I_1 + I_2$

□ ⓫右の**図8**のような並列回路では，電圧 V, V_1, V_2 の間には V[A]V_1[B]V_2 の関係が成り立つ。

図8

V_1
V_2
V

⓫ A：＝
B：＝

物理編 化学編 生物編 地学編 資料編

でる度 ★★★

電流のはたらき

よくでる

□ ❶抵抗に電圧を加えたときに流れる電流の大きさは，電圧の大きさに比例するという法則の名称。〈三重〉

❶オームの法則

公式
電圧〔V〕
＝抵抗〔Ω〕×電流〔A〕

□ ❷右の図１の回路で，電流の大きさは何Ａか。〈香川〉

図１

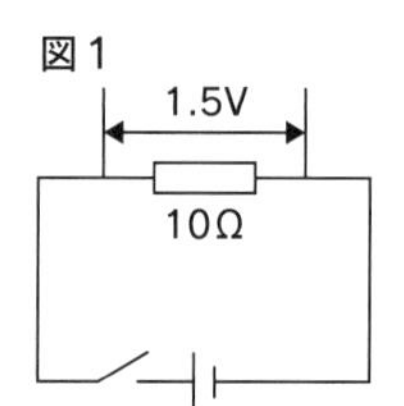

❷0.15A

公式
電流〔A〕
＝電圧〔V〕÷抵抗〔Ω〕

ポイント
1.5〔V〕÷10〔Ω〕
=0.15〔A〕

□ ❸右の図２の回路で，抵抗は何Ωか。〈沖縄〉

図２

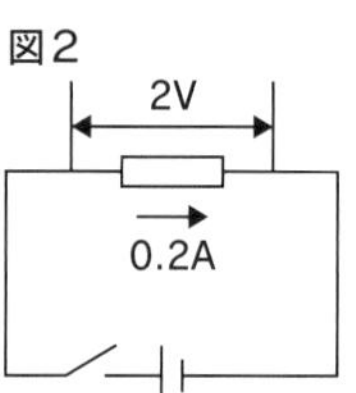

❸10Ω

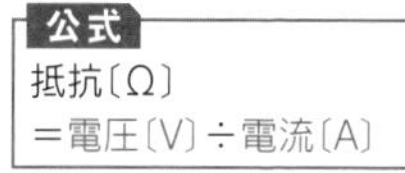

公式
抵抗〔Ω〕
＝電圧〔V〕÷電流〔A〕

ポイント
2〔V〕÷0.2〔A〕=10〔Ω〕

よくでる

□ ❹下の図３の回路全体の抵抗は何Ωか。〈宮崎〉

図３

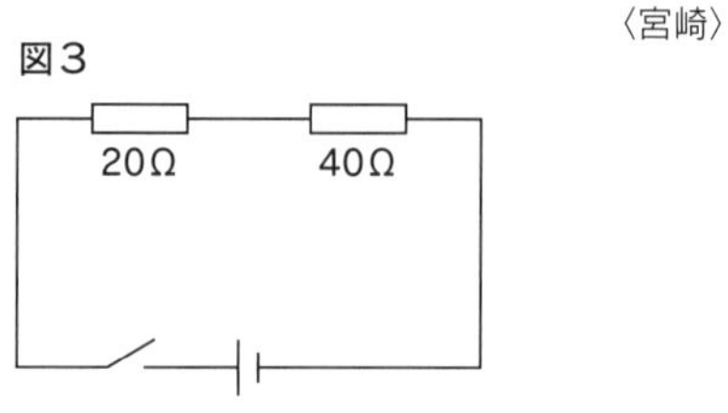

❹60Ω

ポイント 直列回路全体の抵抗の値は，それぞれの抵抗の値の和になる。

□ ❺図３の回路の電源の電圧が6Ｖのとき，何Ａの電流が流れるか。〈宮崎〉

❺0.1A

ポイント
6〔V〕÷60〔Ω〕
=0.1〔A〕

□ ❻下の**図4**の回路全体の抵抗は何Ωか。

〈沖縄〉

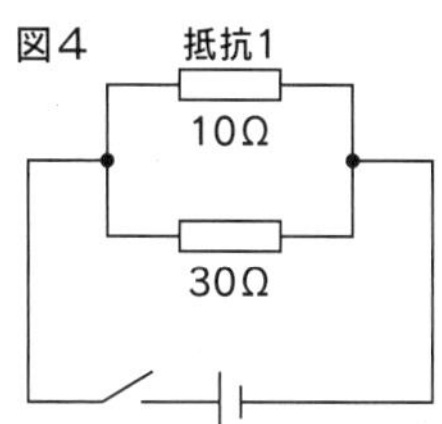

❻ 7.5Ω

ポイント 並列回路全体の抵抗をR〔Ω〕とすると，

$\frac{1}{R}=\frac{1}{10}+\frac{1}{30}=\frac{4}{30}$

$R=\frac{30}{4}=7.5$〔Ω〕

□ ❼**図4**の回路の電源の電圧が15Vのとき，電源には何Aの電流が流れるか。　〈沖縄〉

❼ 2A

ポイント

15〔V〕÷7.5〔Ω〕

=2〔A〕

よくでる

□ ❽**図4**の回路の電源の電圧が15Vのとき，抵抗1には何Aの電流が流れるか。　〈新潟〉

❽ 1.5A

ポイント

15〔V〕÷10〔Ω〕

=1.5〔A〕

よくでる

□ ❾右の**図5**のように，3Ωの抵抗に2Aの電流を流したときの電力は何Wか。

〈栃木〉

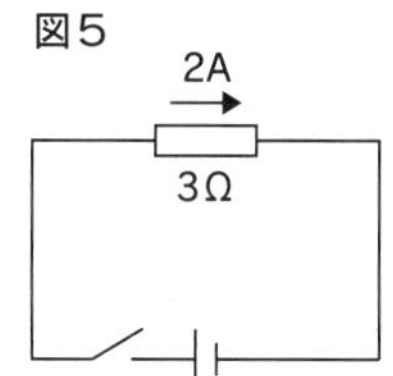

❾ 12W

ポイント

3〔Ω〕×2〔A〕=6〔V〕

6〔V〕×2〔A〕=12〔W〕

□ ❿右の**図6**のように，4Ωの抵抗の両端に6Vの電圧を加え，10分間電流を流したときの発熱量は何Jか。〈京都〉

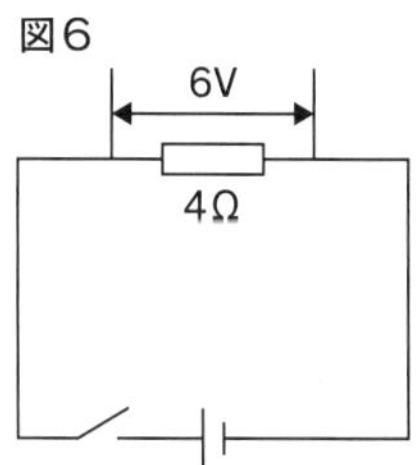

❿ 5400J

ポイント

6〔V〕÷4〔Ω〕=1.5〔A〕

6〔V〕×1.5〔A〕=9〔W〕

9〔W〕×600〔s〕

=5400〔J〕

物理編　化学編　生物編　地学編　資料編

でる度 ★★★

静電気と電流

よくでる

□ ❶ちがう種類の物質をこすり合わせると，物質が電気を帯びることがある。このように摩擦によって生じる電気の名称。〈佐賀〉

❶静電気〔摩擦電気〕
ポイント 静電気には＋(正)と－(負)の２種類の電気がある。

よくでる

□ ❷同じ種類の電気の間には［ A ］力が，ちがう種類の電気の間には［ B ］力がはたらく。〈北海道〉

❷A：しりぞけ合う
B：引き合う

□ ❸電気が空間を移動する現象のこと。〈静岡〉

❸放電

□ ❹蛍光灯に大きな電圧をかけたとき，管内に電流が流れる現象のこと。

❹真空放電

よくでる

□ ❺右の図１のクルックス管で，真空放電を起こしたときに見られる明るい線の名称。

図１

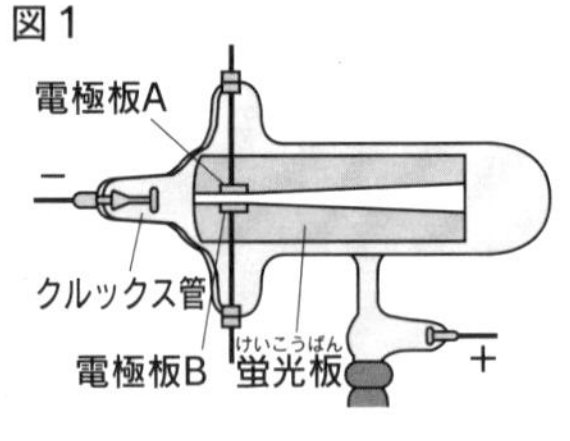

❺陰極線〔電子線〕

□ ❻図１で，電極板Aが＋極，電極板Bが－極になるように電圧を加えた。このとき，陰極線は上に曲がるか，下に曲がるか，それとも変化しないか。〈茨城〉

❻上に曲がる
ポイント 陰極線は－の電気をもっている。

□ ❼陰極線は［　　］という粒子の流れである。〈宮崎〉

❼電子

□ ❽回路に電流が流れているとき，［　A　］の電気をもった電子が電源装置の［　B　］極から［　C　］極の向きに移動している。〈山形〉

❽A：－
B：－
C：＋
⚠電流の向きは，電子の移動の向きと逆になる。

□ ❾放射性物質が放射線を出す能力のこと。

❾放射能

□ ❿放射性物質が放射線を出す能力を表す単位。

❿ベクレル〔Bq〕

新傾向

□ ⓫放射線に関する単位のうち，放射線の人体に対する影響を表すもの。〈鹿児島〉

⓫シーベルト〔Sv〕

□ ⓬放射線のうち，電子の流れによるもの。

⓬β線

□ ⓭放射線のうち，医療診断でからだ内部のようすを撮影するために用いられるもの。

⓭X線

新傾向

□ ⓮放射線のうち，［　A　］線はヘリウムの［　B　］の流れによるものである。

⓮A：α
B：原子核

□ ⓯放射線がもっている，物質を通りぬける性質のこと。

⓯透過性〔透過力〕

□ ⓰食物や岩石から出たり，宇宙空間から降り注いだりしている放射線のこと。

⓰自然放射線

物理編　化学編　生物編　地学編　資料編

でる度 ★★★

電流と磁界

□ ❶磁力がはたらいている空間のこと。

❶磁界

□ ❷磁界の中に置いた方位磁針の［　　］が指す向きのことを磁界の向きという。〈香川〉

❷N極

□ ❸磁界のようすを表した線のこと。〈香川〉

❸磁力線

よくでる

□ ❹右の図1のように，導線に電流を流したときにできる磁界の向きはア，イのうちどちらか。〈佐賀〉

図1
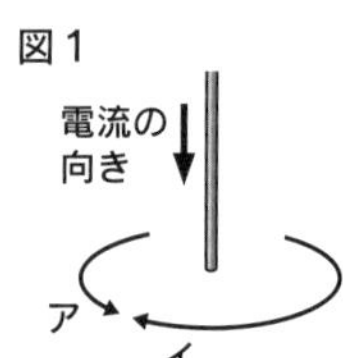

❹イ

ポイント ねじの進む向きに電流を流すと，ねじを回す向きに磁界ができる。電流の向きを逆にすると，磁界の向きも逆になる。

よくでる

□ ❺右の図2のように，コイルに電流を流すと，コイル内に図の矢印の向きに磁界ができた。電流の向きはア，イのうちどちらか。〈千葉〉

図2
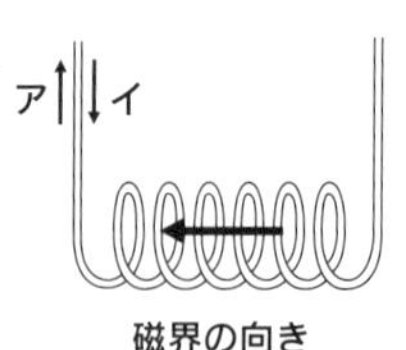

❺ア

ポイント 右手の4本の指先を電流の向きに合わせたとき，親指の向きがコイルの内側の磁界の向きと一致する。電流の向きを逆にすると，磁界の向きも逆になる。

□ ❻磁界の強さは電流の大きさが［　　］ほど強い。〈千葉〉

❻大きい

□ ⑦コイルのまわりにできる磁界は，コイルの巻数を多くすると［　　］なる。〈宮崎〉

⑦強く

よくでる

□ ⑧下の**図3**のような実験装置で，矢印の向きに電流を流すと，コイルはU字形磁石に向かって**エ**の向きに動いた。電流の向きを逆にすると，コイルの動く向きは，**ア～エ**のうちどの向きになるか。

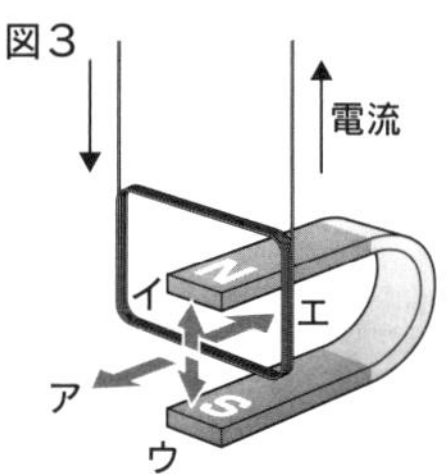

⑧ア

ポイント 電流の向きを逆にすると，力の向きは逆になる。

よくでる

□ ⑨右の**図4**のように，磁界の向きを**図3**とは逆にして電流を流すと，コイルは**ア～エ**のうちどの向きに動くか。〈高知〉

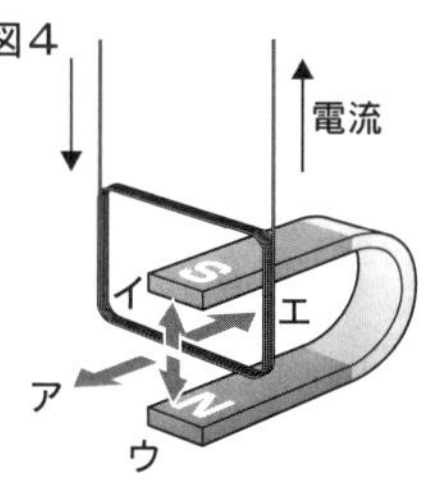

⑨ア

ポイント 磁界の向きを逆にすると，力の向きは逆になる。

□ ⑩**図4**で電流の向きを逆にすると，コイルの動く向きは**ア～エ**のうちどの向きになるか。〈三重〉

⑩エ

□ ⑪**図4**で電流の大きさを［　　］すると，コイルの動きは大きくなる。〈高知〉

⑪大きく

□ ⑫コイルを流れる電流が磁界から受ける力を利用して，コイルが連続的に回転するように工夫された装置の名称。〈三重〉

⑫モーター

物理編　でる度 ★★★

電磁誘導

□ ❶わずかな電流でも針が振(ふ)れる，非常に敏感(びんかん)な電流計の名称。

❶検流計(けんりゅうけい)

よくでる

□ ❷右の図1のようにコイルに棒磁石を出し入れすると，コイルに電流が流れる現象。〈沖縄〉

図1

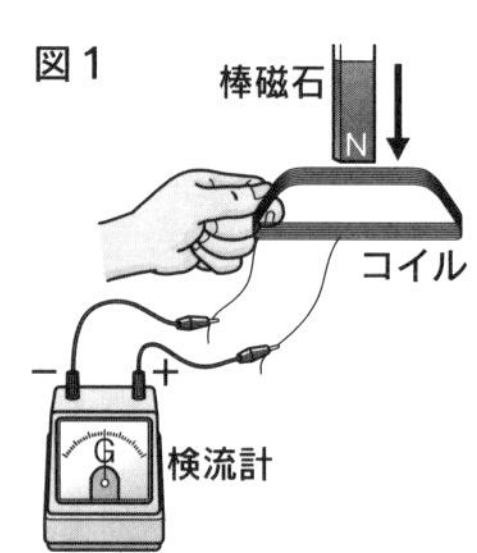

❷電磁誘導(でんじゆうどう)

□ ❸電磁誘導で生じる電流の名称。〈愛媛〉

❸誘導電流(ゆうどうでんりゅう)

よくでる

□ ❹図1のコイルに，S極を下にして棒磁石を近づけたときに流れる電流の向きは，N極を下にして近づけた場合と同じになるか逆向きになるか。〈長崎〉

❹逆向きになる

よくでる

□ ❺右の図2のように，棒磁石をN極を下にしてコイルから遠ざけたときに流れる電流の向きは，N極を下にして近づけた場合と同じになるか逆向きになるか。〈長崎〉

図2

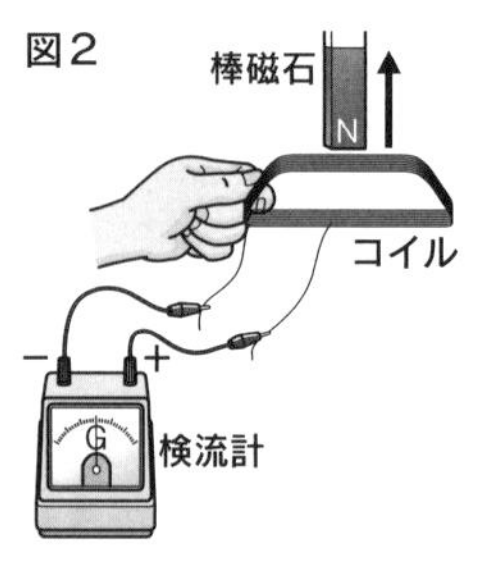

❺逆向きになる

□ ❻右の図3のように，棒磁石をS極を下にしてコイルから遠ざけたときに流れる誘導電流の向きは，N極を下にして遠ざけた場合と同じになるか逆向きになるか。〈宮崎〉

図3

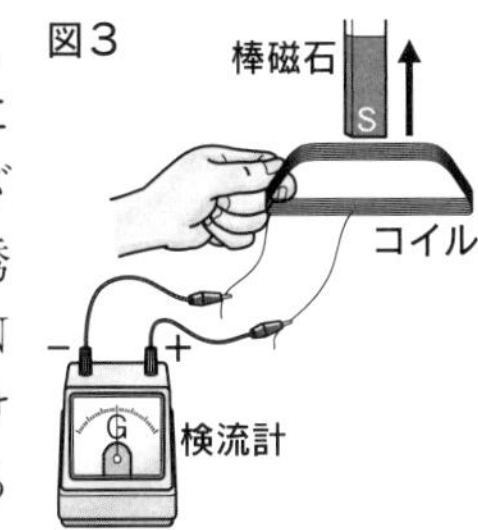

❻逆向きになる

⚠ S極を下にしてコイルから遠ざけたときに流れる誘導電流の向きは，図1の場合と同じ向きになる。

□ ❼図3で，棒磁石を動かす速さを速くすると，誘導電流の大きさは［　　］なる。〈愛媛〉

❼大きく

□ ❽図3で，棒磁石を磁力の［　　］ものに変えると，誘導電流の大きさは大きくなる。〈香川〉

❽大きい〔強い〕

□ ❾図3で，コイルの巻数を［　　］すると，誘導電流の大きさは大きくなる。〈香川〉

❾多く

□ ❿右の図4のように，斜面に置いたコイルの中の台車を静かに離したところ，検流計の針は左に振れ，［　　］。〈栃木〉

図4

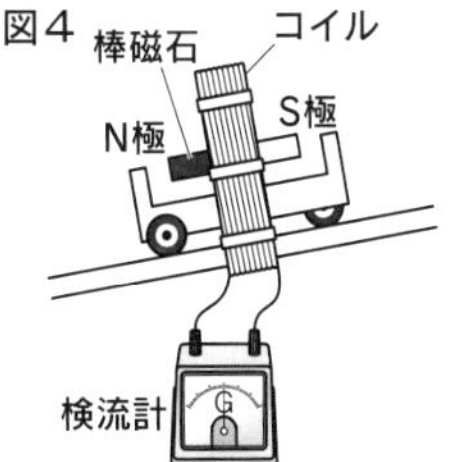

❿0にもどった

ポイント 台車がコイルから離れていくとコイルにはたらく磁力が弱くなり，磁界の変化が小さくなるので電流が流れなくなる。

□ ⓫一定の向きに流れる電流の名称。

⓫直流（ちょくりゅう）

よくでる

□ ⓬流れる向きや大きさが周期的に変化する電流の名称。〈静岡〉

⓬交流（こうりゅう）

物理編　化学編　生物編　地学編　資料編

でる度 ★★★

力の合成と分解

□ ❶2つの力と同じはたらきをする1つの力を，もとの2つの力の［　　］という。

❶合力（ごうりょく）

よくでる

□ ❷下の**図1**のような2つの力がある。これら2つの力の合力を矢印でかけ。〈広島〉

図1

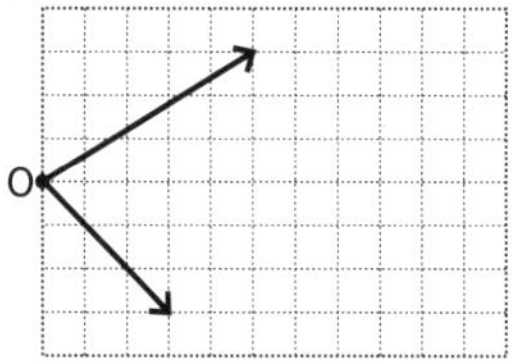

❷

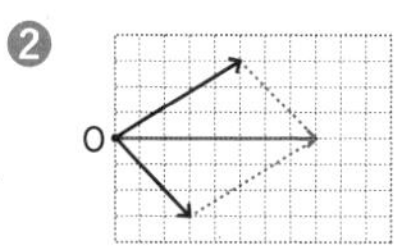

ポイント 2つの力を表す矢印を2辺とする平行四辺形の対角線が合力になる。

□ ❸**図2**は，糸1，糸2が小球を引く力を矢印で表したものである。小球にはたらく重力を矢印でかき入れよ。〈長崎〉

図2

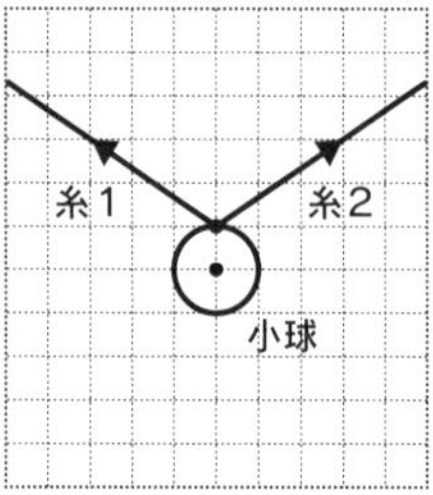

❸

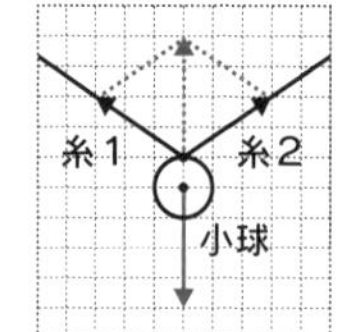

ポイント 糸1が小球を引く力と糸2が小球を引く力の合力が小球にはたらく重力とつり合う。

□ ❹1つの力をこれと同じはたらきをする2つの力に分けたとき，分けた2つの力をもとの力の［　　］という。

❹分力（ぶんりょく）

よくでる

□ ❺下の図3は，斜面に物体を置いたときにはたらく重力を矢印で表している。この物体にはたらく重力の斜面に平行な分力と斜面に垂直な分力を矢印でかけ。〈山梨〉

図3

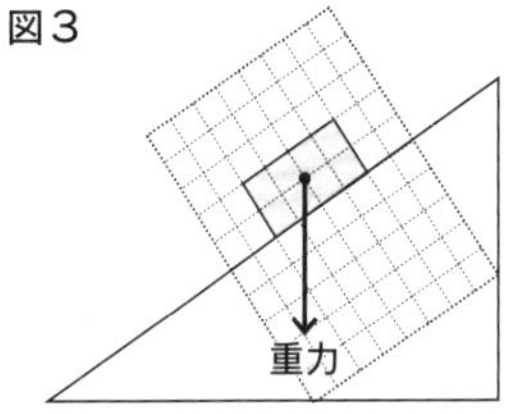

❺

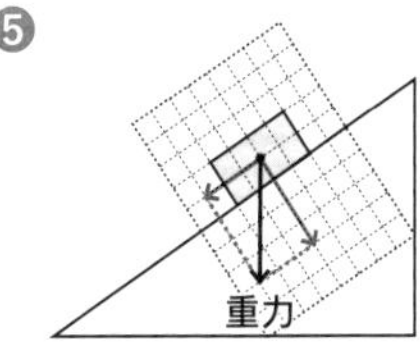

ポイント 重力の斜面に垂直な分力と，斜面に平行な分力を2辺とする平行四辺形（この場合は長方形）の対角線になるようにかく。

□ ❻重力の斜面に垂直な分力とつり合う，斜面から物体にはたらく力の名称。〈三重〉

❻垂直抗力（すいちょくこうりょく）

□ ❼下の図4は，斜面上で静止している台車にはたらく重力を矢印で表したものである。糸が台車を引く力を，点Pから始まる矢印で表せ。〈鳥取〉

図4

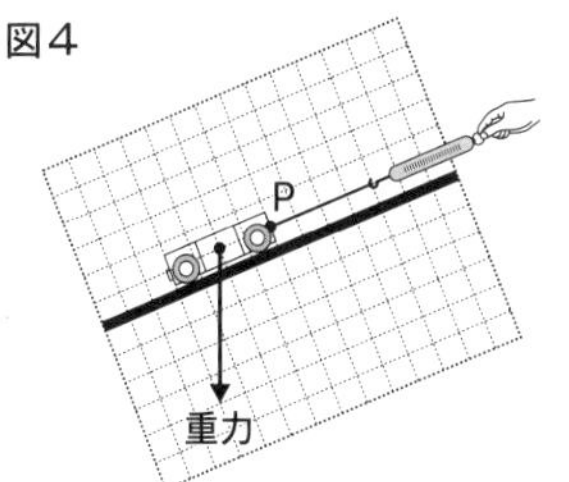

❼

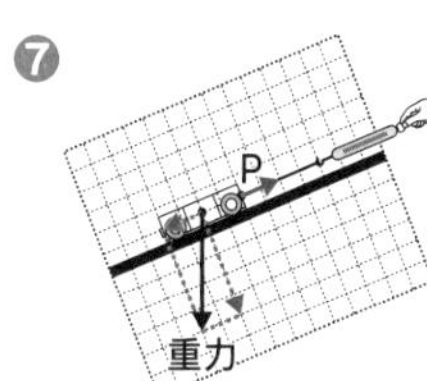

ポイント 糸が台車を引く力は重力の斜面に平行な分力とつり合う。

よくでる

□ ❽人が物体に力を加えると，必ず同時に人は物体から力を受ける。この関係を表す法則。〈岐阜〉

❽作用（さよう）・反作用（はんさよう）の法則

よくでる

□ ❾作用・反作用の関係にある2つの力は［ A ］大きさで［ B ］向きの力である。

❾A：同じ〔等しい〕
B：逆〔反対〕

□ ❿ロケットがガスを押す力とガスがロケットを押す力は［　］の関係にある。〈茨城〉

❿作用・反作用

でる度 ★★★

水中ではたらく力

□ ❶水中にある物体が水の重さによって受ける圧力のこと。

❶水圧（すいあつ）

よくでる

□ ❷物体を水に沈（しず）めたときに物体にはたらく水圧のようすを正しく矢印で表したものは**ア**，**イ**のうちどちらか。〈和歌山〉

ア

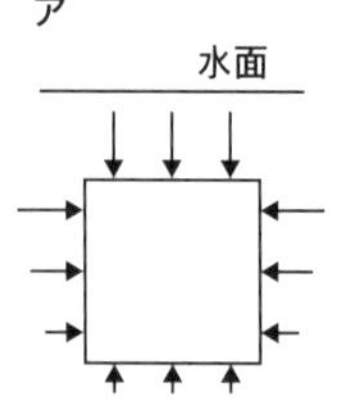

イ

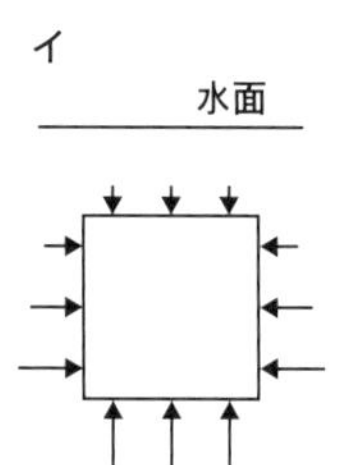

❷イ

ポイント 水圧はあらゆる向きから物体の面に垂直にはたらき，水の深さが深くなるほど大きくなる。

□ ❸水中では，物体の上面で下向きにはたらく水圧よりも下面で上向きにはたらく水圧の方が[　A　]。このため，物体には水から[　B　]向きに力（浮力（ふりょく））を受ける。〈長崎〉

❸A：大きい
B：上

よくでる

□ ❹物体を水中に沈めたとき，水中部分の体積が大きいほど浮力の大きさは[　　]くなる。〈和歌山〉

❹大き

よくでる

□ ❺空気中で重さが1.8Nだった物体を，水中に入れてばねばかりで重さをはかると1.4Nを示した。物体にはたらく浮力の大きさはいくらか。〈山口〉

❺0.4N

ポイント
浮力の大きさ〔N〕
＝空気中でのばねばかりの値－水中でのばねばかりの値

でる度 ★★★

物体の運動

□ ❶台車を斜面の上からすべらせて，6.6cmの距離を0.1秒で運動させた。このときの平均の速さは何cm/sか。〈新潟〉

❶66cm/s

ポイント 6.6〔cm〕÷0.1〔s〕=66〔cm/s〕

□ ❷下の図1のa，b間の矢印は，台車が0.1秒間に移動した距離を示している。この記録タイマーが1秒間に打点する回数は［　　］回である。〈長崎〉

図1

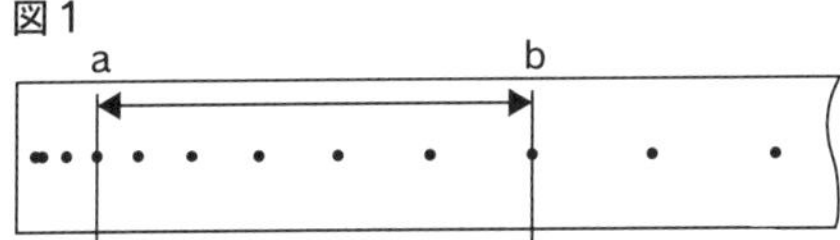

❷60

ポイント 0.1秒間に6回打点するので，1秒間だと，6×10=60〔回〕

よくでる

□ ❸下のア，イはそれぞれちがう斜面を下る台車の運動のようすを記録したテープを5打点ごとに切ってはったものである。ア，イのうちどちらの斜面の傾きが大きいか。〈茨城〉

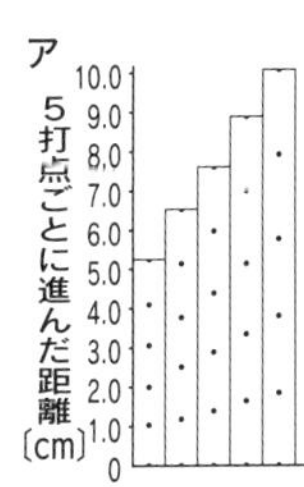

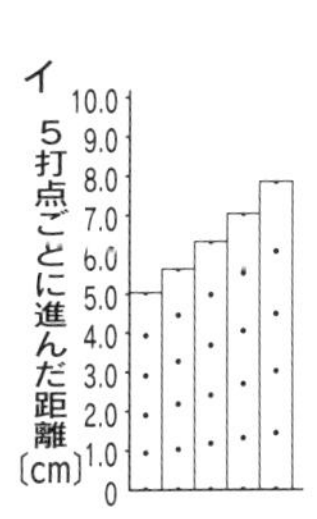

❸ア

ポイント 斜面の傾きが大きい方が，重力の斜面に平行な分力が大きくなり，速さの変化が大きくなる。

□ ❹物体が重力によって真下に落下するときの運動のこと。

❹自由落下（運動）

よくでる

□ ❺一定の速さで一直線上をまっすぐに進む運動のこと。〈山口〉

❺等速直線運動(とうそくちょくせんうんどう)

ポイント 等速直線運動では，移動距離は時間に比例する。

よくでる

□ ❻下の**図2**は，ある運動のようすを0.1秒ごとに切った記録テープを使って表したものである。等速直線運動を表しているのは**ア**，**イ**のうちどちらか。〈福井〉

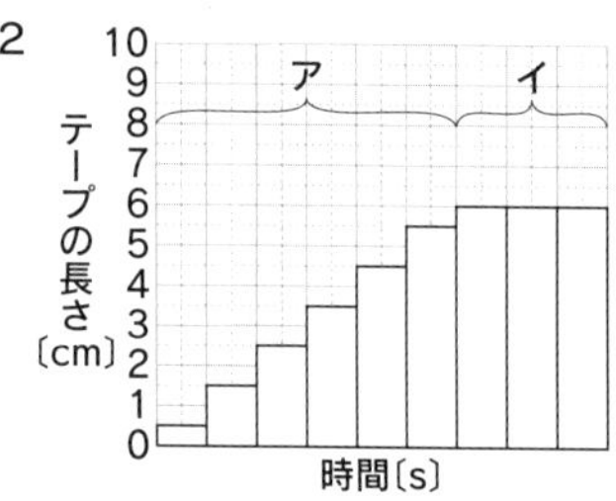

❻イ

ポイント 等速直線運動では速さは変わらないので，0.1秒ごとの記録テープは一定の長さになる。

よくでる

□ ❼物体に力がはたらいていないときや，はたらいている力がつり合っているとき，静止している物体は静止し続け，運動している物体は等速直線運動を続ける。この法則を［　A　］といい，物体がもっているこのような性質を［　B　］という。〈北海道〉

❼A：慣性(かんせい)の法則(ほうそく)
B：慣性

よくでる

□ ❽斜面に台車を置いて，運動のようすを観察したとき，台車が受ける斜面方向下向きにはたらく力の大きさは常に［　　］である。〈栃木〉

❽一定

□ ❾台車が斜面をのぼるとき，速さはしだいに［　A　］なる。これは，台車にはたらく重力の斜面に平行な分力が運動の向きと［　B　］向きにはたらくからである。〈鳥取〉

❾A：小さく〔遅く〕
B：逆〔反対〕

でる度 ★★★

仕事とエネルギー

□ ❶物体に力を加えて，その力の向きに物体を動かしたとき，その力は物体に対して［　　］をしたという。

❶仕事（しごと）

□ ❷仕事〔J〕を求める式。

❷仕事〔J〕
＝力の大きさ〔N〕
×力の向きに動いた距離〔m〕

よくでる

□ ❸質量300gの物体を2mの高さまで持ち上げたときの仕事の大きさは何Jか。ただし，質量100gの物体にはたらく重力は1Nとする。〈北海道〉

❸6J

ポイント
3〔N〕×2〔m〕=6〔J〕

□ ❹ある物体を直接持ち上げるときよりも動滑車を使うときの方が，力は少なくてすむが，力をはたらかせる距離は［　A　］なり，結果として仕事の大きさは［　B　］。このことを［　C　］という。〈大分〉

❹A：長く〔大きく〕
B：変わらない〔同じになる〕
C：仕事の原理（げんり）

□ ❺モーターで質量10kgの物体を1m持ち上げるのに20秒かかった。このときの仕事率は何Wか。ただし，質量100gの物体にはたらく重力は1Nとする。〈広島〉

❺5W

公式
仕事率〔W〕
$$= \frac{仕事〔J〕}{かかった時間〔s〕}$$

ポイント
$$\frac{100〔N〕\times 1〔m〕}{20〔s〕}=5〔W〕$$

□ ❻物体の位置（いち）エネルギーの大きさは，物体の質量が［　A　］ほど大きくなり，位置が［　B　］なるほど大きくなる。〈神奈川〉

❻A：大きい
B：高く

□ ❼物体の運動エネルギーの大きさは，物体の速さが大きくなるほど［　　］くなる。〈滋賀〉

❼大き

□ ❽物体の運動エネルギーの大きさは，物体の質量が［　　］ほど大きくなる。

❽大きい

□ ❾運動エネルギーと位置エネルギーの和を［　　］という。〈鹿児島〉

❾力学的(りきがくてき)エネルギー

□ ❿摩擦(まさつ)や空気抵抗を無視して考えるときに，位置エネルギーと運動エネルギーの和が一定に保たれること。〈三重〉

❿力学的エネルギーの保存(ほぞん)〔力学的エネルギー保存の法則〕

よくでる

□ ⓫下の**図1**で，おもりがAからCまで移動する間に力学的エネルギーは大きくなったか，小さくなったか，または変わらなかったか。〈佐賀〉

図1

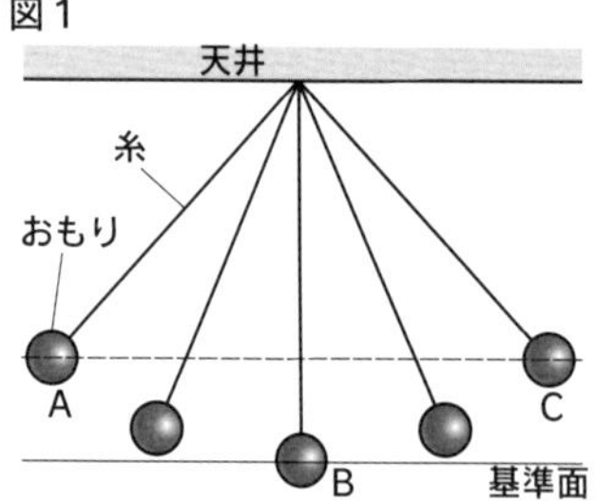

⓫変わらなかった

ポイント Aと同じ高さまでおもりが上がっているので，力学的エネルギーは変わっていない。

よくでる

□ ⓬ある高さからすべり始めたジェットコースターは，同じ高さまで上がることができない。これは，［　A　］や空気の［　B　］などがはたらき，力学的エネルギーが減少するからである。〈佐賀〉

⓬A：摩擦力(まさつりょく)
B：抵抗

でる度 ★★★

いろいろなエネルギー

□ ❶モーターが動くとき，モーターに供給された電気エネルギーは［　　］エネルギーになる。〈兵庫〉

❶運動

□ ❷モーターが動くとき，モーターに供給された電気エネルギーの大きさは，モーターの力学的エネルギーの大きさよりも［　　］。〈富山〉

❷大きい

ポイント 電気エネルギーの一部は熱エネルギーや音エネルギーに変換される。

□ ❸太陽電池は，電池と太陽の光のなす角が［　　］に近い方が，受ける光エネルギーの量は大きい。〈京都〉

❸直角

□ ❹電球が点灯しているとき，電気エネルギーが［　A　］エネルギーに変換され，残りは［　B　］エネルギーとして失われている。〈愛媛〉

❹A：光
B：熱

□ ❺白熱電球は点灯したとき非常に熱くなる。一方，同じ明るさのLED電球は熱くならない。したがって，消費電力は［　　］の方が少ない。〈愛媛〉

❺LED電球

ポイント 同じ明るさのとき，白熱電球は熱の分だけたくさんの電力を消費している。

新傾向

□ ❻はじめのエネルギーに対する，目的のエネルギーに変換された割合のこと。〈長崎〉

❻（エネルギー）変換効率（へんかんこうりつ）

□ ❼物体が接しているとき，熱が温度の高い物体から低い物体へ移動する現象のこと。

❼伝導（でんどう）〔熱伝導〕

□ ❽あたためられた空気は移動して全体に熱が伝わっていく。このような熱の伝わり方を［　　］という。〈岩手〉

❽対流（たいりゅう）

新傾向

□ ❾電気ストーブは，電熱線の熱を離れたところに伝える。このように熱の伝わる現象を［　　］という。〈滋賀〉

❾放射（ほうしゃ）〔熱放射〕

よくでる

□ ❿地球の大気中にふくまれる二酸化炭素などの気体が，地表から宇宙に向かう熱を吸収，再放出し，気温の上昇をもたらす効果のこと。〈長崎〉

❿温室効果

□ ⓫マグマの熱エネルギーを利用した発電方法。〈三重〉

⓫地熱発電（ちねつはつでん）

□ ⓬作物などから微生物（びせいぶつ）を使って発生させた，アルコールなどを利用した発電方法。〈福島〉

⓬バイオマス発電

新傾向

□ ⓭バイオマス発電では，燃料のもととなる植物は光合成（こうごうせい）を行い，二酸化炭素を吸収しているため，燃焼によって二酸化炭素を排出したとき，全体として大気中の二酸化炭素の量は［　　］と考えられる。〈岩手〉

⓭変化しない

ポイント　燃焼によって排出された二酸化炭素は，もともと植物が光合成によって大気中からとり入れたものである。

□ ⓮太陽光などの，いつまでも利用できるエネルギーを［　　］エネルギーという。〈茨城〉

⓮再生可能（さいせいかのう）

新傾向

□ ⓯環境の保全と開発のバランスがとれ，将来の世代にわたって安定して環境を利用する余地を残すことができる社会のこと。

⓯持続可能な社会

化学編

化学編　でる度 ★★★

身のまわりの物質とその性質

□ ❶金属をみがくと，表面がかがやく［　　］が見られる。〈和歌山〉

❶金属光沢（きんぞくこうたく）

□ ❷金属はハンマーなどでたたくとうすく［　　］性質をもつ。〈和歌山〉

❷広がる

□ ❸金属は引っぱると［　　］性質をもつ。

❸のびる

□ ❹金属は熱や［　　］をよく通す。〈福井〉

❹電流〔電気〕

□ ❺アルミニウムと鉄は［　　］に近づけたとき，［　　］につくかつかないかで区別する。〈宮崎〉

❺磁石

よくでる

□ ❻食塩水10cm^{3}の質量をはかると12gであった。この食塩水の密度は何g/cm^{3}か。〈鳥取〉

❻1.2g/cm^3

ポイント

12〔g〕÷10〔cm^3〕＝1.2〔g/cm^3〕

よくでる

□ ❼右の**表1**は金属の密度を表したものである。銀100cm^{3}の質量は何gか。〈和歌山〉

表1

金属名	密度〔g/cm^3〕
金	19.30
銀	10.49
銅	8.96
鉛	11.34
鉄	7.87

❼1049g

公式

質量〔g〕＝密度〔g/cm^3〕×体積〔cm^3〕

ポイント

10.49〔g/cm^3〕×100〔cm^3〕＝1049〔g〕

□ ❽質量が78.7gで，体積が$10.0cm^3$の金属がある。この金属の密度はいくらか。〈兵庫〉

❽ $7.87g/cm^3$

公式
密度〔g/cm^3〕＝質量〔g〕÷体積〔cm^3〕

よくでる

□ ❾**表1**から，❽の金属は何であると考えられるか。

❾ 鉄

ポイント 密度の値は物質の種類によって決まっている。

□ ❿質量が2.24gで密度が$8.96g/cm^3$の銅の体積はいくらか。〈鹿児島〉

❿ $0.25cm^3$

公式
体積〔cm^3〕＝質量〔g〕÷密度〔g/cm^3〕

□ ⓫メスシリンダーに30.0mLの目盛りまで水を入れ，16.2gの金属を入れると，**図1**のようになった。この金属の密度は何g/cm^3か。〈鹿児島〉

図1

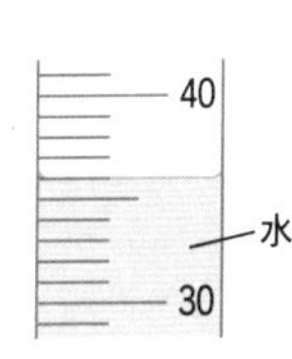

⓫ $2.7g/cm^3$

ポイント 金属の体積は，36.0－30.0＝6.0〔cm^3〕より，密度は，16.2〔g〕÷6.0〔cm^3〕＝2.7〔g/cm^3〕

よくでる

□ ⓬プラスチックのように，炭素を含む物質の名称。〈宮崎〉

⓬ 有機物（ゆうきぶつ）

⚠ 炭素，一酸化炭素，二酸化炭素は炭素を含むが，例外的に有機物ではない。

よくでる

□ ⓭砂糖と食塩を加熱すると，一方が黒くこげた。黒くこげたのは砂糖と食塩のうちどちらか。〈沖縄〉

⓭ 砂糖

ポイント 有機物を加熱するとこげて，燃えると二酸化炭素が発生する。

□ ⓮すべての有機物に含まれる原子の元素記号。〈栃木〉

⓮ C

物理編 化学編 生物編 地学編 資料編

でる度 ★★★

気体の発生と性質

よくでる

□ ❶右の図1のような気体の集め方。〈滋賀〉

図1

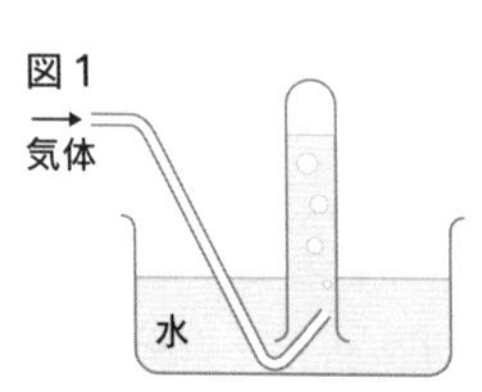

❶水上置換法

□ ❷水上置換法は水に［　　］気体を集めるのに適している。〈東京〉

❷とけにくい

よくでる

□ ❸右の図2のような気体の集め方。〈愛知〉

図2

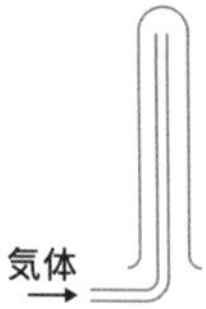

気体

❸上方置換法

□ ❹上方置換法は，水にとけやすく空気よりも密度が［　　］気体を集めるのに適している。〈愛知〉

❹小さい

ポイント 密度が小さい→軽い。

よくでる

□ ❺右の図3のような気体の集め方。〈宮崎〉

図3

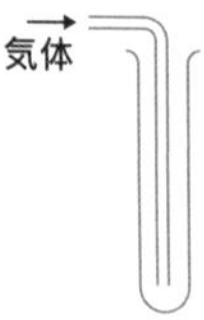

気体

❺下方置換法

□ ❻下方置換法は，水にとけやすく空気よりも密度が［　　］気体を集めるのに適している。〈愛知〉

❻大きい

ポイント 密度が大きい→重い。

□ ❼気体のにおいをかぐときは，［　　］で鼻にあおぎよせるようにする。〈千葉〉

❼手

□ ❽気体を水上置換法などで集め，その性質を調べるとき，はじめに試験管に集めた気体は使わない。これははじめに試験管に集めた気体には［　　］が混ざっているからである。〈広島〉

❽空気

□ ❾酸素を発生させるには，固体の［　A　］に液体の［　B　］を加える。〈滋賀〉

❾A：二酸化マンガン
B：うすい過酸化水素水〔オキシドール〕

□ ❿酸素は水にとけにくいので，［　　］で集める。〈愛知〉

❿水上置換法

よくでる

□ ⓫酸素を集めた試験管の中に火のついた線香を入れると，線香が［　　］。〈広島〉

⓫激(はげ)しく燃える〔炎をあげて燃える〕

□ ⓬水素を発生させるには，亜鉛(あえん)などに［　　］を加えればよい。〈岩手〉

⓬うすい塩酸(えんさん)

□ ⓭水素は空気よりも密度が［　　］気体である。〈神奈川〉

⓭小さい

□ ⓮水素は水にとけにくい気体であるため，［　　］置換法で集める。〈沖縄〉

⓮水上

よくでる

□ ⓯水素で満たした試験管にマッチの炎を近づけると，音がして水素が［　　］。〈愛知〉

⓯燃える

物理編
化学編
生物編
地学編
資料編

□ ⑯二酸化炭素を発生させるには，［　　］に うすい塩酸を加える。〈広島〉

⑯石灰石〔貝殻〕

□ ⑰二酸化炭素は空気よりも密度が［　A　］，水に少し［　B　］。

⑰A：大きく
B：とける

□ ⑱二酸化炭素は⑰のような性質をもつので，［　　］や水上置換法で集める。〈長崎〉

⑱下方置換法

□ ⑲エタノールを燃やした集気びんの中に少量の石灰水を入れてふると，［　　］が発生していたため白くにごった。〈岐阜〉

⑲二酸化炭素

□ ⑳二酸化炭素は水にとけ，［　　］性を示す。〈徳島〉

⑳酸
ポイント 水に二酸化炭素がとけた水溶液を炭酸水という。

よくでる
□ ㉑アンモニアには特有のにおいである［　　］臭がある。〈山梨〉

㉑刺激

□ ㉒アンモニアは空気よりも密度が小さく，水に非常に［　A　］ので，［　B　］という集め方で集める。

㉒A：よくとける〔とけやすい〕
B：上方置換法

□ ㉓塩素は特有の［　　］臭をもち，殺菌作用や消毒作用がある。〈鹿児島〉

㉓刺激

よくでる
□ ㉔塩酸は，水に［　　］という物質がとけたものである。〈宮崎〉

㉔塩化水素

でる度 ★★★

水溶液の性質

□ ❶食塩水の食塩のように，液体にとけている物質のこと。〈三重〉

❶溶質（ようしつ）

よくでる

□ ❷食塩水の水のように，物質をとかしている液体のこと。〈三重〉

❷溶媒（ようばい）

□ ❸食塩水のように，物質が液体にとけた液全体のこと。

❸溶液（ようえき）

□ ❹溶媒が水である溶液の名称。〈三重〉

❹水溶液（すいようえき）

□ ❺水溶液の上の部分と下の部分を比べると，その濃さは［　　］である。〈富山〉

❺同じ〔均一〕

□ ❻鉄や食塩などのように，１種類の物質でできているものの名称。

❻純粋な物質（じゅんすいなぶっしつ）〔純物質（じゅんぶっしつ）〕

□ ❼塩酸(塩化水素と水)のように，いくつかの物質がまざってできているものの名称。〈静岡〉

❼混合物（こんごうぶつ）

□ ❽右の**図１**のような装置を用いて，固体と液体を分ける方法。〈長崎〉

図１

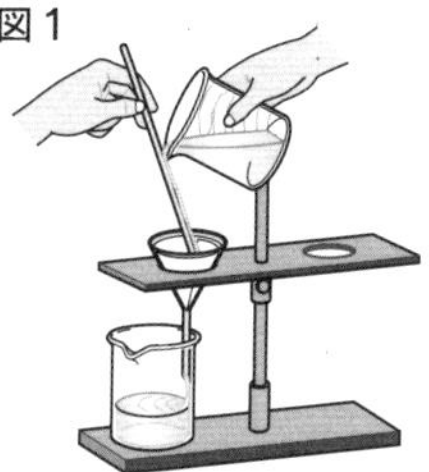

❽ろ過（か）

ポイント ろうとに液体を注ぐときはガラス棒に伝わらせて注ぐ。ろうとのあしの長い方をビーカーの内壁（ないへき）につける。

でる度 ★★★

濃度・溶解度

□ ❶溶液の質量に対する溶質の質量の割合を百分率で表した水溶液の濃さのこと。

❶質量パーセント濃度

よくでる

□ ❷ 150gの水に50 gの塩化ナトリウムをとかしたときの質量パーセント濃度は［　　］%である。〈茨城〉

❷ 25

ポイント

$$\frac{50〔g〕}{150〔g〕+50〔g〕}\times100=\frac{50}{200}\times100=25$$

よくでる

□ ❸質量パーセント濃度が5%の食塩水100gには［　　］gの食塩がとけている。〈北海道〉

❸ 5

ポイント

$$100〔g〕\times\frac{5}{100}=5〔g〕$$

□ ❹食塩水を蒸発皿に入れて加熱すると食塩が残った。下の**表1**から，もとの食塩水の質量パーセント濃度は［　　］%である。〈愛知〉

表1

空の蒸発皿の質量〔g〕	45.2
蒸発皿に食塩水を入れたときの全体の質量〔g〕	65.2
加熱後，食塩だけが残った蒸発皿全体の質量〔g〕	47.6

❹ 12

ポイント

食塩水の質量は

65.2−45.2

＝20.0〔g〕

食塩の質量は

47.6−45.2

＝2.4〔g〕

質量パーセント濃度は

$$\frac{2.4}{20.0}\times100=12$$

□ ❺ 100gの水にとかすことのできる物質の最大の質量のこと。〈沖縄〉

❺溶解度

□ ❻水の温度ごとの溶解度をグラフに表したものの名称。

❻溶解度曲線

□ ❼一定量の水に物質がそれ以上とけられない状態までとけている水溶液の名称。〈宮崎〉

❼飽和水溶液

□ ❽下の**図１**は溶解度曲線である。水100gに同じ質量の硝酸カリウム，ミョウバン，食塩（塩化ナトリウム）を別々に入れて60℃にあたためたところ，３つともすべて完全にとけた。物質の質量として適当なのは次の**ア**，**イ**のうちどちらか。〈鹿児島〉

ア　30g　　　**イ**　50g

図１

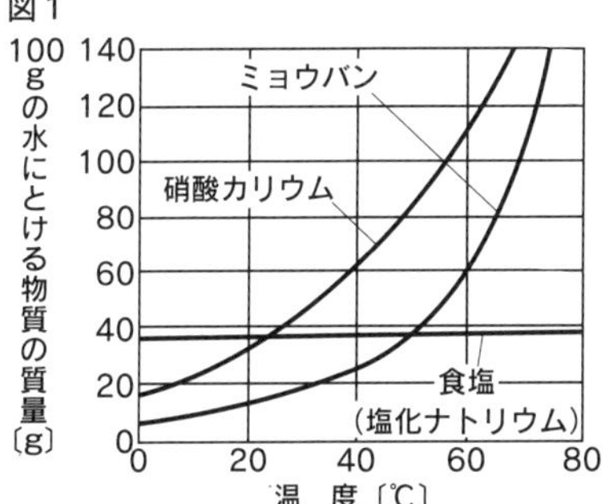

よくでる

□ ❾**図１**で，60℃の水100gにミョウバンをとかしてつくった飽和水溶液を40℃まで冷やしたところ，とけきれずに現れたミョウバンをとり出すことができた。このときにとけきれずに現れたミョウバンの質量に最も近いものは，**ア**～**エ**のうちどれか。〈佐賀〉

ア　15g　　　**イ**　25g

ウ　35g　　　**エ**　45g

□ ❿**図１**の物質のうち，60℃の水100gでつくった飽和水溶液の温度を20℃まで下げたとき，最も多く結晶が出るのは［　　］である。〈埼玉〉

よくでる

□ ⓫一度とかした物質を溶解度の差を利用して結晶としてとり出すこと。〈岩手〉

❽ア

ポイント　50gの食塩（塩化ナトリウム）は60℃の水100gにすべてとかすことはできない。

❾ウ

ポイント　60℃での溶解度と40℃での溶解度の差が，とり出すことができるミョウバンの質量になる。

❿硝酸カリウム

ポイント　60℃での溶解度と40℃での溶解度の差が最も大きい物質の結晶が，最も多く出る。

⓫再結晶

化学編　でる度 ★★★

物質の状態変化

□ ❶物質が温度によって，固体，液体，気体に姿を変えること。〈宮城〉

❶状態変化

□ ❷状態変化が起きたとき，物質の質量は変わるか変わらないか。〈福井〉

❷変わらない

よくでる

□ ❸物質が固体から液体に変化するときの温度のこと。〈山梨〉

❸融点

□ ❹液体が沸とうして気体に変化するときの温度のこと。

❹沸点

□ ❺氷は同じ質量の水よりも体積は［　A　］，密度は［　B　］。〈山梨〉

❺A：大きく
B：小さい
⚠ 一般には，ロウなどのように，液体が固体になると体積は小さくなる。

□ ❻下の図は固体，液体，気体のいずれかの状態を粒子のモデルで表したものである。液体はア～ウのうちどれか。〈山梨〉

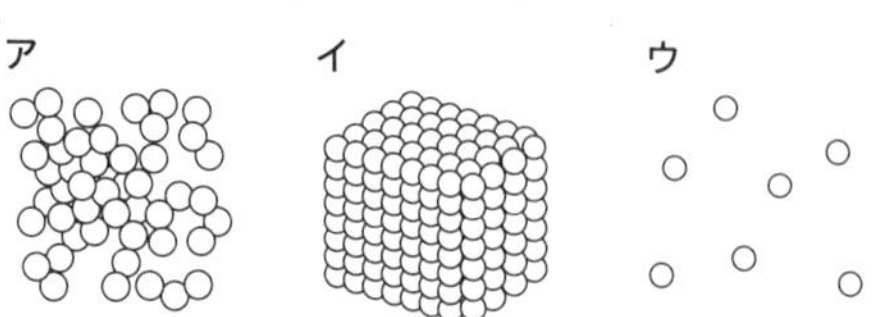

❻ア
ポイント 粒子の間隔が広いものから気体，液体，固体となる。イは固体，ウは気体。

よくでる

□ ❼液体を加熱して沸とうさせ，出てきた気体を冷やして再び液体にして集める方法。〈三重〉

❼蒸留

よくでる

□ ❽右の**図1**は，液体の混合物を蒸留するときの実験装置である。フラスコの中に沸とう石を入れるのは液体が急に［　　］するのを防ぐためである。〈大阪〉

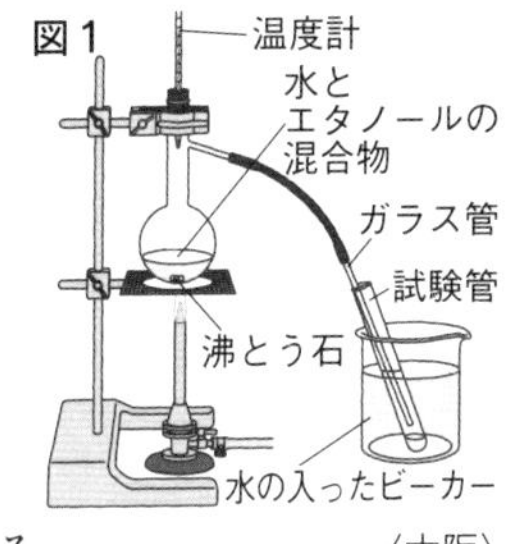

□ ❾**図1**のように，水とエタノールの混合物を蒸留すると，エタノールと水をそれぞれ分けてとり出すことができるのは，エタノールと水の［　　］がちがうからである。〈高知〉

よくでる

□ ❿下の**図2**は，**図1**のように水とエタノールの混合物を蒸留したときの温度変化を表している。試験管に液体がたまり始めたのは加熱を始めてから何分後か，次の**ア**，**イ**のうちから選べ。〈福島〉

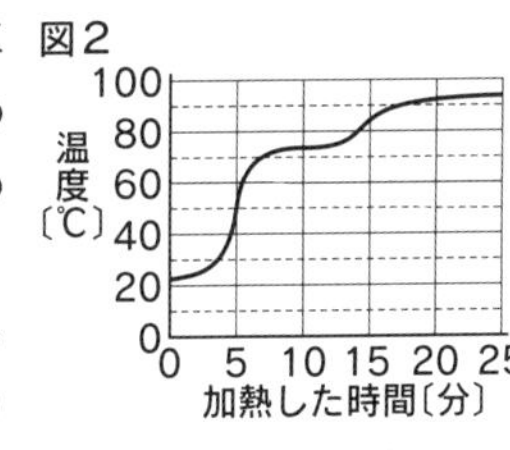

ア　5～10分後　　**イ**　15～20分後

□ ⓫下の**図3**は水を加熱したときの温度の変化を表している。液体と気体が混ざっている状態は**ア**～**オ**のうちどれか。〈山梨〉

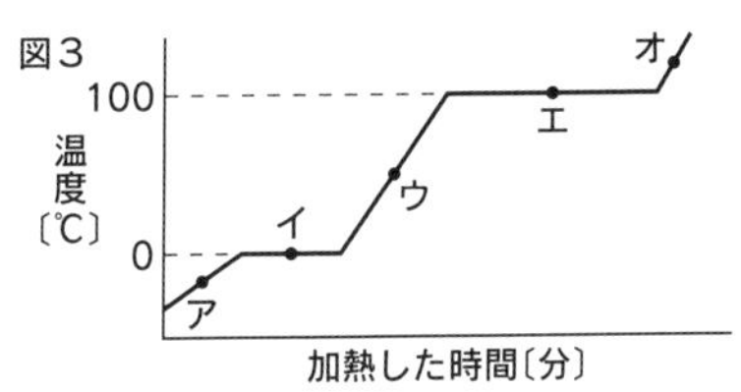

❽沸とう

❾沸点

❿ア

ポイント 液体がたまり始めるのは，温度があまり変化しなくなったときである。

⚠ 混合物は沸点や融点が決まった値にならない。

⓫エ

ポイント アは固体の状態，イは固体と液体が混ざっている状態，ウは液体の状態，オは気体の状態である。

物理編　化学編　生物編　地学編　資料編

化学編　でる度 ★★★

物質の分解

□ ❶ 1種類の物質が2種類以上の物質に分かれる化学変化のこと。〈静岡〉

❶分解（ぶんかい）

□ ❷ 1種類の物質が2種類以上の物質に分かれる化学変化の中で，特に加熱によって起こる化学変化の名称。〈三重〉

❷熱分解（ねつぶんかい）

よくでる

□ ❸右の図1のような実験装置で，炭酸（たんさん）水素（すいそ）ナトリウムを加熱して分解した。試験管Bにたまった気体の名称。〈沖縄〉

図1

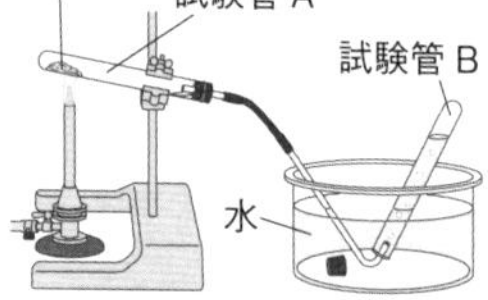

炭酸水素ナトリウム
試験管A
試験管B
水

❸二酸化炭素
⚠ 水が逆流しないように，ガラス管を水から抜いてから加熱をやめる。

よくでる

□ ❹図1の実験で，加熱した試験管Aの中にできた液体の名称。〈神奈川〉

❹水
⚠ 水が加熱部分に流れないように試験管の口を少し下げる。

□ ❺水を［　　］紙につけると青色から赤色（桃色（ももいろ））に変わる。〈兵庫〉

❺塩化コバルト

□ ❻図1の実験で，加熱後，試験管Aに残った白色の物質の名称。〈神奈川〉

❻炭酸（たんさん）ナトリウム

□ ❼酸化銀（さんかぎん）の熱分解で後に残る白色の物質の名称。

❼銀

□ ❽酸化銀の熱分解で発生する気体の名称。〈滋賀〉

❽酸素

□ ❾右の**図2**のような実験装置で水を電気分解するときは，水に少量の［　　］をとかし，電流を通しやすくする。〈兵庫〉

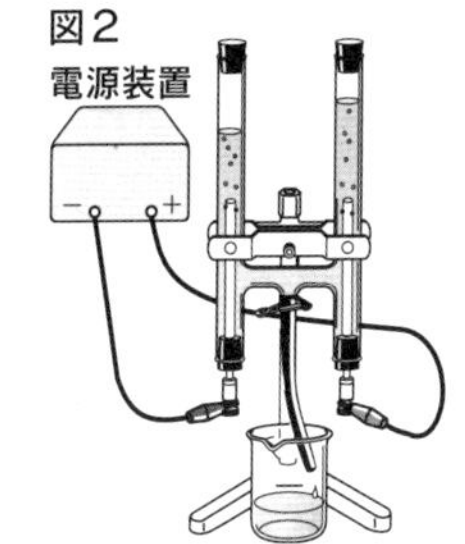

❾水酸化ナトリウム
ポイント 純粋な水は電流を通しにくい。

よくでる
□ ❿**図2**の実験で，陽極に発生する気体の名称。〈京都〉

❿酸素

よくでる
□ ⓫**図2**の実験で，陰極に発生する気体の名称。〈兵庫〉

⓫水素

□ ⓬下の化学反応式は水の電気分解を表している。［　　］に入る化学式は何か。〈新潟〉
$2H_2O \rightarrow 2$［　　］$+ O_2$

⓬H_2

□ ⓭水の電気分解で発生する水素と酸素の質量の比は［　　］である。ただし，水素と酸素の密度の比は1：16とする。〈兵庫〉

⓭1：8
ポイント 水素と酸素の体積の比は2：1なので，(1×2)：(16×1)＝2：16＝1：8

□ ⓮右の**図3**のような実験装置で，塩化銅水溶液に電流を流した。陽極で発生する気体の名称。〈高知〉

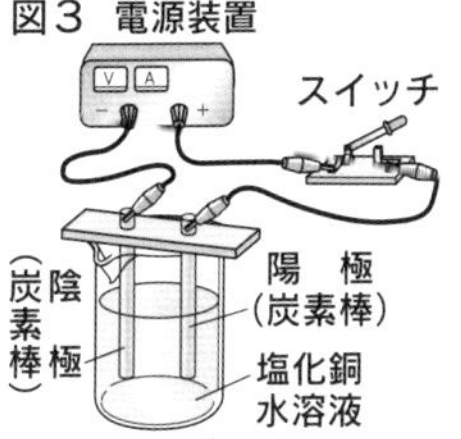

⓮塩素

□ ⓯**図3**の実験で，［　　］極に付着した赤色の物質は銅である。〈山梨〉

⓯陰

物理編
化学編
生物編
地学編
資料編

でる度 ★★★

物質の成り立ち

□ ❶物質を分割したとき，それ以上分割できない小さな粒子の名称。〈和歌山〉	❶原子
□ ❷物質の性質を示す最小の粒子の名称。	❷分子
□ ❸純粋な物質（純物質）の中で１種類の原子だけでできている物質のこと。〈福島〉	❸単体
□ ❹２種類以上の原子が一定の比で結びついてできた純粋な物質（純物質）のこと。〈沖縄〉	❹化合物
よくでる □ ❺酸素は単体と化合物のうちどちらか。〈宮崎〉	❺単体
□ ❻水は単体と化合物のうちどちらか。〈徳島〉	❻化合物
□ ❼原子は種類によってちがう大きさや［　　］をもつ。〈栃木〉	❼質量
□ ❽原子は化学変化によって他の種類の原子に変わ［　　］。〈栃木〉	❽らない
□ ❾二酸化炭素の化学式。〈長崎〉	❾CO_2
□ ❿塩化ナトリウムの化学式。	❿NaCl
□ ⓫硫化鉄の化学式。〈山形〉	⓫FeS
□ ⓬アンモニアの化学式。〈山形〉	⓬NH_3

よくでる

□⑬下の化学反応式は炭酸水素ナトリウムの熱分解を表している。[　] にあてはまる化学式は何か。〈静岡〉

$2NaHCO_3 \rightarrow Na_2CO_3 + [\ A\ ] + [\ B\ ]$

⑬A：H_2O
B：CO_2
(順不同)

よくでる

□⑭下の化学反応式は酸化銀の熱分解を表している。[　] にあてはまる数字は何か。

$2Ag_2O \rightarrow [\quad]Ag + O_2$ 〈香川〉

⑭4

よくでる

□⑮下の化学反応式はマグネシウムを加熱したときの化学変化を表している。[　] にあてはまる化学式は何か。〈千葉〉

$2Mg + O_2 \rightarrow 2[\quad]$

⑮MgO

よくでる

□⑯下の化学反応式は酸化銅と炭素の混合物を加熱したときの化学変化を表している。[　] にあてはまる数字は何か。〈北海道〉

$2CuO + C \rightarrow [\quad]Cu + CO_2$

⑯2

□⑰下の化学反応式は硫酸と水酸化バリウムの化学変化を表している。[A] にあてはまる化学式と [B] にあてはまる数字は何か。〈大分〉

$H_2SO_4 + [\ A\ ] \rightarrow BaSO_4 + [\ B\ ]H_2O$

⑰A：$Ba(OH)_2$
B：2
⚠ $BaSO_4$は硫酸バリウムである。

□⑱水素分子と酸素分子が結びついて水分子ができるときの化学変化を表した図として適切なものは，次の**ア**，**イ**のうちどちらか。〈埼玉〉

ア　ⒽⒽ＋Ⓞ→ⒽⓄⒽ

イ　ⒽⒽ ⒽⒽ＋ⓄⓄ→ⒽⓄⒽ ⒽⓄⒽ

⑱イ
ポイント▷ 酸素分子は酸素原子2つからできている。問題の化学変化を化学反応式で表すと，
$2H_2 + O_2 \rightarrow 2H_2O$
となる。

化学編

でる度 ★★★

鉄と硫黄の反応

□ ❶右の図1のように，鉄と硫黄(いおう)の混合物を加熱するとできる黒い物質の名称。〈滋賀〉

図1

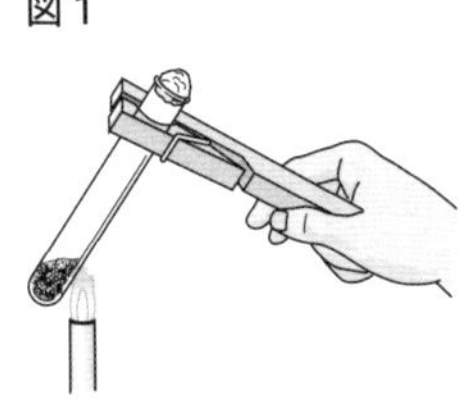

❶硫化鉄(りゅうかてつ)

□ ❷下の化学反応式は鉄と硫黄の化学変化を表している。［　　］に入る化学式は何か。

Fe+S→［　　］〈和歌山〉

❷FeS

よくでる

□ ❸図1の実験で，加熱をやめた後も反応が続くのは反応にともなって発生した［　　］でさらに反応が進むからである。〈滋賀〉

❸熱

新傾向

□ ❹鉄と硫黄の混合物は，磁石につくかつかないか。

❹つく

□ ❺図1の実験で加熱後にできた物質は，磁石につくかつかないか。〈千葉〉

❺つかない

□ ❻鉄と硫黄の混合物にうすい塩酸を加えると発生する気体の名称。〈千葉〉

❻水素

よくでる

□ ❼硫化鉄にうすい塩酸を加えると発生する気体の名称。〈茨城〉

❼硫化水素(りゅうかすいそ)

ポイント 硫化水素は腐(くさ)った卵のような特有のにおいをもつ気体。

でる度 ★★★

発熱反応と吸熱反応

□ ❶化学変化のときに熱が放出され，まわりの温度が上がる化学変化。〈栃木〉

❶発熱反応（はつねつはんのう）

□ ❷鉄と硫黄の反応では，化学変化のときに熱を［　　］するために，加熱をやめても反応が続く。〈宮崎〉

❷放出

□ ❸鉄と活性炭と少量の食塩水を混ぜたときに起こる反応では，鉄と［　　］が結びつく。〈東京〉

❸酸素

ポイント 鉄の酸化（さんか）は発熱反応である。

□ ❹化学かいろでは，［　A　］には空気中の酸素を集めるはたらきがあり，［　B　］が酸化する際に温度が上がる。〈福島〉

❹A：活性炭
B：鉄

ポイント 食塩水は鉄の酸化を進める。

□ ❺酸化カルシウムと水の化学変化が起こるときの反応は［　　］反応である。〈東京〉

❺発熱

よくでる

□ ❻温度が下がる化学変化。〈長崎〉

❻吸熱反応

□ ❼ビーカーに水酸化バリウムと塩化アンモニウムを入れてかき混ぜるとビーカーが冷たくなったのは，周囲から［　　］ためである。〈福島〉

❼熱をうばった

ポイント この化学変化ではアンモニアが発生する。

□ ❽酸とアルカリの中和は，発熱反応，吸熱反応のどちらか。

❽発熱反応

化学編

でる度 ★★★

酸化と還元

□ ❶右の図1のようにスチールウールを空気中で加熱すると，スチールウールは何という物質になるか。

図1

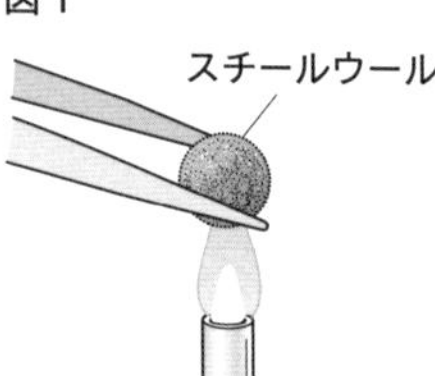

❶酸化鉄（さんかてつ）

□ ❷物質が酸素と結びつくこと。

❷酸化

□ ❸酸素と結びついてできる物質のこと。 〈宮崎〉

❸酸化物（さんかぶつ）

よくでる

□ ❹酸化鉄に電流は［　　］。 〈和歌山〉

❹流れない

□ ❺酸化鉄の質量が酸化する前のスチールウール（鉄）の質量よりも［　A　］のは，鉄と［　B　］が結びついたからである。 〈和歌山〉

❺A：大きい
B：酸素

□ ❻図1の実験のとき，スチールウールは熱や光を出して燃えた。このように熱や光を出しながら激（はげ）しく進む酸化のこと。 〈愛知〉

❻燃焼（ねんしょう）

□ ❼物質が有機物（ゆうきぶつ）であることは，物質を燃やしたときに気体の［　　］が発生することから確かめられる。

❼二酸化炭素

ポイント 有機物が燃焼すると，有機物に含まれる炭素と水素が酸化されて二酸化炭素と水ができる。

□ ❽右の**図2**のようにに，酸化銅と炭素の粉末の混合物を加熱した。この実験で酸化されてできた物質の名称。〈和歌山〉

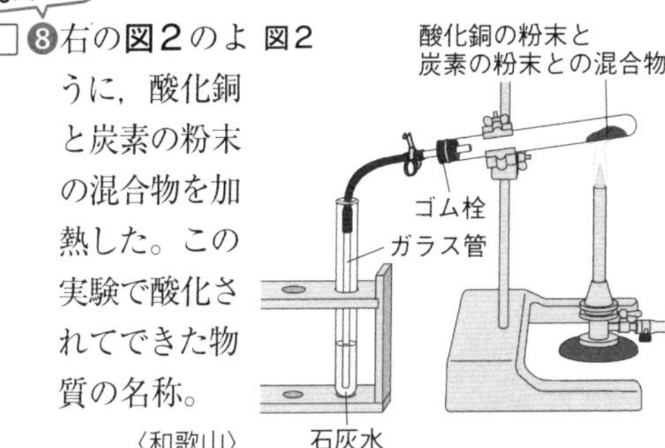

❽二酸化炭素

□ ❾下の化学反応式は酸化銅と炭素を加熱したときの化学変化を表している。[　　] にあてはまる化学式は何か。〈北海道〉

2CuO+[　A　] →2[　B　] + [　C　]

❾A：C
B：Cu
C：CO_2

□ ❿**図2**の実験では，石灰水が [　　] することを防ぐため，加熱をやめる前に石灰水からガラス管をとり出す。〈山口〉

❿逆流

よくでる

□ ⓫酸化物から酸素が奪われる化学変化。〈徳島〉

⓫還元（かんげん）

□ ⓬還元が起きているとき，同時に起こる化学変化。〈徳島〉

⓬酸化

ポイント ❾では炭素が酸化されている。

□ ⓭酸化銅と炭素の混合物を加熱したとき，酸化銅は [　A　] されて，炭素は [　B　] されたといえる。〈沖縄〉

⓭A：還元
B：酸化

新傾向

□ ⓮二酸化炭素を満たした集気びんの中で，マグネシウムが燃焼したときにできる黒い物質の名称。〈三重〉

⓮炭素

ポイント 二酸化炭素が還元されている。

でる度 ★★★

化学変化と質量

□ ❶ 下の図１のような密閉した容器を傾けて，炭酸水素ナトリウムにうすい塩酸を加えた。このときに発生する気体の名称。〈高知〉

図１

❶ 二酸化炭素

よくでる

□ ❷ 図１の実験で，実験の前と後の全体の質量は変わらない。このように化学変化の前後で物質全体の質量が変わらないこと。〈高知〉

❷ 質量保存の法則（しつりょうほぞんのほうそく）

□ ❸ 質量保存の法則が成り立つのは，原子の結びつき方は［　A　］が，原子の種類と［　B　］は変わらないからである。〈高知〉

❸ A：変わる
B：数

□ ❹ 右の図２は酸化マグネシウムに含まれているマグネシウムと酸素の質量の関係を表している。マグネシウムと酸素の質量の比はいくらか。〈兵庫〉

図２

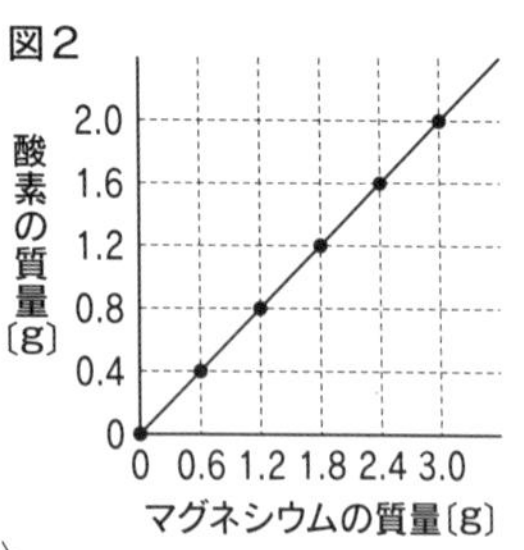

❹ 3：2

ポイント 図２から，3.0gのマグネシウムと結びつく酸素の質量は2.0gなので，マグネシウムと酸素の質量の比は 3.0：2.0＝3：2

□ ❺ 図２より，酸化マグネシウム3.0gをつくるのに必要なマグネシウムの質量は［　　］gである。〈埼玉〉

❺ 1.8

ポイント マグネシウムと酸化マグネシウムの質量の比は 3：5

よくでる

□ ❻右の図3は，銅の質量と銅を加熱してできた酸化銅の質量の関係を表している。銅の質量と，結びつく酸素の質量の比はいくらか。〈京都〉

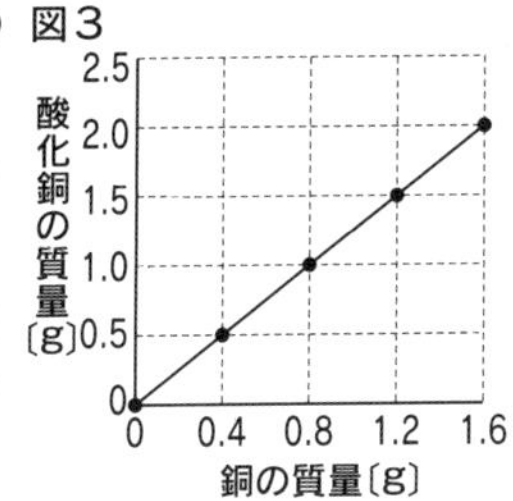

❻4：1

ポイント 0.4gの銅と結びつく酸素の質量は0.1gなので，銅と酸素の質量の比は0.4：0.1＝4：1

□ ❼図3で，10gの酸化銅には［　　］gの銅がふくまれている。

❼8

ポイント 酸化銅と銅の質量の比は5：4

□ ❽図3で，10gの銅を完全に酸化させてできる酸化銅の質量は［　　］gである。

❽12.5

ポイント $10〔g〕\times\frac{5}{4}=12.5〔g〕$

よくでる

□ ❾下の図4のように銅の加熱をくり返すと，質量の増加があるところで止まる。これは一定の質量の銅と結びつく酸素の質量が［　　］からである。〈愛媛〉

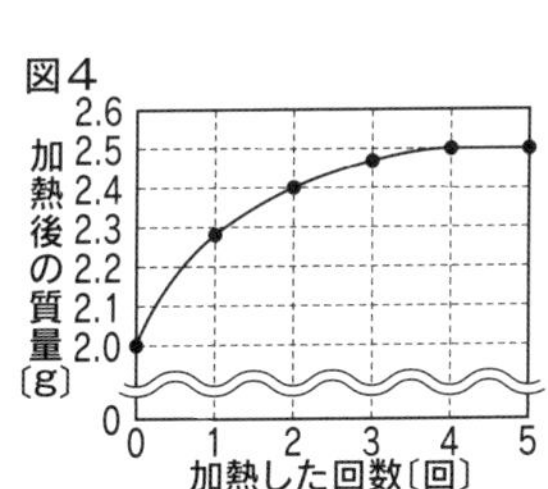

❾決まっている

□ ❿図4で2回目の加熱が終わったとき，酸化銅は［　　］gできている。〈岩手〉

❿2.0

ポイント 2.4－2.0→0.4〔g〕増えているので，酸化銅はその5倍の2.0gできる。

□ ⓫下の化学反応式は銅と酸素が反応して酸化銅になるときの化学変化を表している。［　　］にあてはまる化学式は何か。〈愛媛〉

2［　A　］＋［　B　］→2CuO

⓫A：Cu

B：O_2

物理編 化学編 生物編 地学編 資料編

化学編 でる度 ★★★

原子の成り立ちとイオン

□ ❶右の図1は原子の構造を表した模式図である。原子の中心にあるアを何というか。〈北海道〉

図1

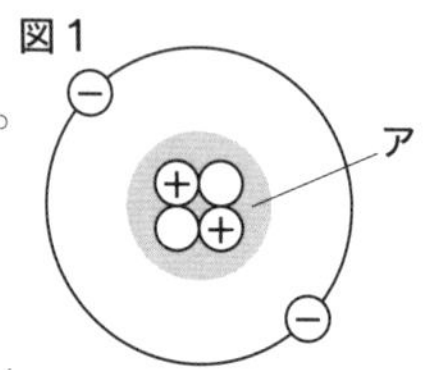

❶原子核（げんしかく）

□ ❷原子核は＋の電気をもつ［　A　］と，電気をもたない［　B　］からできている。〈北海道〉

❷A：陽子（ようし）
B：中性子（ちゅうせいし）

□ ❸原子核のまわりに存在する，－の電気をもつ粒子（りゅうし）の名称。〈北海道〉

❸電子（でんし）

よくでる

□ ❹水にとけて電流を通す物質の名称。〈高知〉

❹電解質（でんかいしつ）

□ ❺水にとけても電流を通さない物質の名称。〈和歌山〉

❺非電解質（ひでんかいしつ）

□ ❻次のア～エのうち非電解質はどれか。

ア　食塩　　イ　砂糖
ウ　水酸化ナトリウム　　エ　塩化水素

❻イ

□ ❼原子が電子を失って＋の電気を帯びたものの名称。

❼陽イオン

□ ❽原子が電子を受けとって－の電気を帯びたものの名称。

❽陰イオン

□ ❾物質が水にとけて陽イオンと陰イオンに分かれること。〈大阪〉

❾電離（でんり）

□ ❿塩化銅は陽イオンの［ A ］イオンと陰イオンの［ B ］イオンに電離する。

❿A：銅
B：塩化物（えんかぶつ）

□ ⓫銅イオンは，銅原子が電子を2個［ A ］できる［ B ］イオンである。〈佐賀〉

⓫A：失って
B：陽

□ ⓬塩化物イオンは，塩素原子が［ A ］を1個［ B ］ことで生じる。〈和歌山〉

⓬A：電子
B：受けとる

□ ⓭塩化銅の電離を表す式の［ ］にあてはまるイオンを表す化学式は何か。〈兵庫〉

$CuCl_2$ →［ A ］＋［ B ］

⓭A：Cu^{2+}
B：$2Cl^-$
（順不同）

□ ⓮塩化ナトリウムが電離するようすを表す式の［ ］にあてはまるイオンを表す化学式は何か。〈静岡〉

NaCl →［ A ］＋［ B ］

⓮A：Na^+
B：Cl^-
（順不同）

よくでる

□ ⓯下の式は水酸化ナトリウムを水にとかしたときの電離のようすを表している。［ ］にあてはまるイオンを表す化学式は何か。〈新潟〉

NaOH →［ A ］＋［ B ］

⓯A：Na^+
B：OH^-
（順不同）

□ ⓰下の式は塩酸の中の塩化水素が電離したときのようすを表している。［ ］にあてはまるイオンを表す化学式は何か。〈神奈川〉

HCl →［ A ］＋［ B ］

⓰A：H^+
B：Cl^-
（順不同）

物理編 化学編 生物編 地学編 資料編

でる度 ★★★

化学変化と電池

□ ❶マグネシウム片に硫酸亜鉛水溶液を入れるとマグネシウム片がとけて亜鉛が付着した。マグネシウムと亜鉛では［　　］の方が陽イオンになりやすい。

❶マグネシウム

□ ❷マグネシウムがとけるときの反応を表した次の式にイオンを表す化学式や数字を入れよ。

Mg → ［ A ］＋［ B ］e^-　〈岐阜〉

❷A：Mg^{2+}
B：2

□ ❸亜鉛片に硫酸銅水溶液を入れると亜鉛片がとけて銅が付着した。亜鉛と銅では［　　］の方が陽イオンになりやすい。

❸亜鉛

□ ❹ ❸で，亜鉛片の表面で起こった化学変化を表した次の式の［　　］にあてはまる化学式を入れよ。ただし，1個の電子を㊀で表す。〈佐賀〉

Zn → ［　　］＋㊀㊀

❹Zn^{2+}

よくでる

□ ❺物質がもつ［ A ］エネルギーを［ B ］エネルギーとして電流をとり出すしくみを化学電池という。〈茨城〉

❺A：化学
B：電気

新傾向

□ ❻ダニエル電池では，－極で金属が電子を［ A ］反応が起こり，＋極で水溶液中の陽イオンが電子を［ B ］反応が起こる。〈岐阜〉

❻A：失う
B：受けとる

新傾向

□ ❼図１は，ダニエル電池のしくみを表したものである。A，Bのうち，＋極になるのは［　　］である。

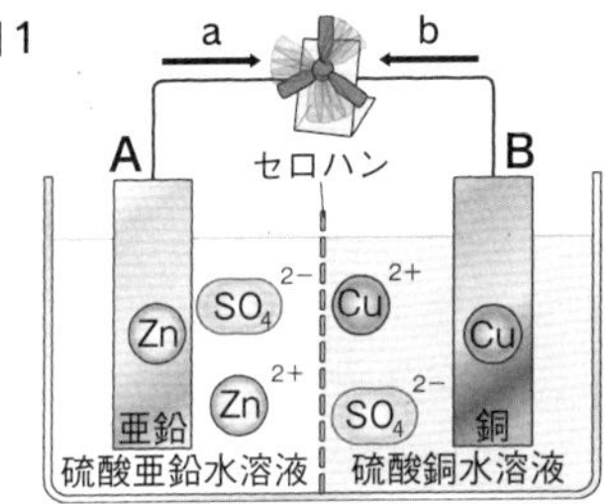

❼B
ポイント 亜鉛の方が銅よりも陽イオンになりやすい。

□ ❽図１で，［　A　］原子は電子を失ってイオンになり，［　B　］イオンは電子を受けとって原子になる。

❽A：亜鉛
B：銅

□ ❾図１のa，bで，電子が移動する向きは［　A　］，電流の向きは［　B　］である。

❾A：a
B：b

よくでる

□ ❿電圧が変化しても外部から逆向きの電流を流すと低下した電圧が回復し，くり返し使用することができる電池。〈福島〉

❿二次電池（にじでんち）
ポイント 外部から逆向きの電流を流して電圧を回復することを充電という。

よくでる

□ ⓫水の電気分解と逆の化学変化を利用して水素と酸素から電気エネルギーをとり出す装置の名称。〈和歌山〉

⓫燃料電池（ねんりょうでんち）

よくでる

□ ⓬下の化学反応式は，水素と酸素から水を生成する化学変化を表している。［　　］にあてはまる化学式を書け。〈茨城〉

［　A　］$+O_2$ →［　B　］

⓬A：$2H_2$
B：$2H_2O$

物理編
化学編
生物編
地学編
資料編

化学編　でる度 ★★★

酸・アルカリ

□❶青色リトマス紙を赤色に変化させる，酸の水溶液にふくまれるイオンの名称。〈長崎〉

❶水素イオン

□❷下の式は，塩酸の中で起きている塩化水素の電離(でんり)を表している。[　　] にあてはまるイオンを表す化学式は何か。〈静岡〉

HCl→ [　A　] + [　B　]

❷A：H^+
B：Cl^-
(順不同)

□❸下の式は，硫酸(りゅうさん)が電離したときのようすを表している。[　　] にあてはまるイオンを表す化学式は何か。

H_2SO_4→2[　A　] + [　B　]

❸A：H^+
B：SO_4^{2-}

□❹下の式は，硝酸(しょうさん)が電離したときのようすを表している。[　　] にあてはまるイオンを表す化学式は何か。

HNO_3→ [　A　] + [　B　]

❹A：H^+
B：NO_3^-
(順不同)

よくでる

□❺酸の水溶液は青色リトマス紙を [　　] 色に変化させる。〈北海道〉

❺赤

よくでる

□❻酸の水溶液はBTB溶液を緑色から [　　] 色に変化させる。〈栃木〉

❻黄

□❼酸の水溶液のpH(ピーエイチ)は7よりも [　　]。〈宮崎〉

❼小さい

□❽酸の水溶液は金属と反応して [　　] を発生させる。

❽水素

□ ❾次の**ア〜ウ**の水溶液のうち，pHが7より小さいものを選べ。〈京都〉

ア　アンモニア水　　**イ**　食酢

ウ　石けん水

❾イ

ポイント ア，ウはアルカリ性で，pHが7より大きい。

□ ❿水溶液にBTB溶液を加えると緑色になった。この水溶液は［　　］性である。

❿中

□ ⓫中性の水溶液のpHは［　　］である。〈三重〉

⓫7

□ ⓬水溶液がアルカリ性を示すもととなるイオンの名称。〈栃木〉

⓬水酸化物（すいさんかぶつ）イオン

□ ⓭下の式は，水酸化ナトリウム水溶液の中での電離のようすを表している。［　　］にあてはまるイオンを表す化学式は何か。

$NaOH \rightarrow Na^{+} +$［　　］〈大阪〉

⓭OH^{-}

□ ⓮下の式は，水酸化カリウムが電離したときのようすを表している。［　　］にあてはまるイオンを表す化学式は何か。

$KOH \rightarrow$［　A　］+［　B　］

⓮A：K^{+}

B：OH^{-}

（順不同）

□ ⓯下の式は，水酸化バリウムが電離したときのようすを表している。［　　］にあてはまるイオンを表す化学式は何か。

$Ba(OH)_2 \rightarrow$［　A　］+2［　B　］

⓯A：Ba^{2+}

B：OH^{-}

よくでる

□ ⓰アルカリの水溶液は赤色リトマス紙を［　　］色に変化させる。〈神奈川〉

⓰青

□ ⑰アルカリの水溶液はBTB溶液を緑色から[　　]色に変化させる。〈岐阜〉

⑰青

□ ⑱アルカリの水溶液のpH(ピーエイチ)は7よりも[　　]。〈神奈川〉

⑱大きい

□ ⑲アルカリの水溶液にフェノールフタレイン溶液を加えると[　　]色を示す。〈三重〉

⑲赤

□ ⑳酸性の水溶液にフェノールフタレイン溶液を加えたときの色は[　　]である。〈三重〉

⑳無色

□ ㉑次の**ア**～**エ**の水溶液のうち，BTB溶液を青色に変化させるものを選べ。〈岩手〉

ア　石けん水　　**イ**　炭酸水
ウ　食酢　　**エ**　レモンのしぼり汁

㉑ア
ポイント▶ イ，ウ，エは酸性である。

よくでる

□ ㉒下の**図1**のような実験装置で，リトマス紙の中央にうすい塩酸をつけると赤色のしみができた。電流を流すと，このしみは陽極と陰極のうちどちらに移動するか。〈長崎〉

図1

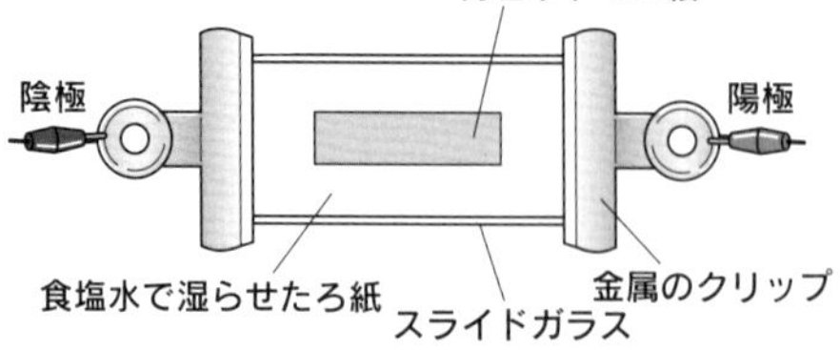

㉒陰極

□ ㉓**図1**の装置に電流を流したとき，赤色のしみが移動した向きから，青色リトマス紙を赤色に変えるものは，陽イオンと陰イオンのうちどちらと考えられるか。

㉓陽イオン
ポイント▶ 陽イオンは＋の電気を帯びている。

□ ㉔図1の装置に電流を流すと赤色のしみが移動するのは，酸性を示す［　　］イオンが陰極に引きよせられるからである。〈長崎〉

㉔水素

□ ㉕図1でろ紙を純粋な水ではなく食塩水で湿らせたのは，［　　］を通しやすくするためである。〈埼玉〉

㉕電流〔電気〕

ポイント 純粋な水は電流を通しにくい。

よくでる

□ ㉖下の図2のような実験装置がある。電流を流したとき，色が変わるリトマス紙は**ア**～**エ**のうちどれか。〈大阪〉

㉖イ

図2

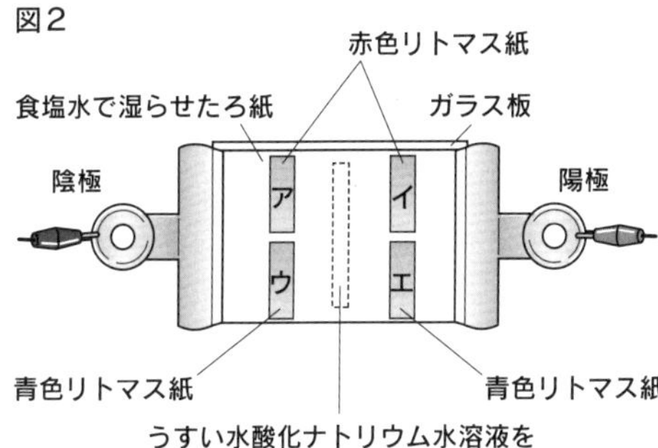

□ ㉗図2の装置に電流を流したとき，陽極側にあるリトマス紙の色が変わったことから，赤色リトマス紙を青色に変えるものは，陽イオンと陰イオンのうちどちらと考えられるか。〈香川〉

㉗陰イオン

ポイント 陰イオンは－の電気を帯びている。

□ ㉘図2の装置に電流を流すと赤色リトマス紙の色が変わる原因となったと考えられるイオンの名称。〈佐賀〉

㉘水酸化物イオン

物理編　化学編　生物編　地学編　資料編

化学編　でる度 ★★★

中和

□❶酸性の水溶液とアルカリ性の水溶液を混ぜ合わせたときに起こる，互いの性質を打ち消し合う化学変化。〈佐賀〉

❶中和（ちゅうわ）

よくでる

□❷中和では，陽イオンの［　A　］イオンと陰イオンの［　B　］イオンが結びついて水になる。〈愛媛〉

❷A：水素
B：水酸化物

□❸下の式は，中和で水ができる化学変化を表している。［　　］にあてはまるイオンを表す化学式は何か。〈神奈川〉

$H^+ +$［　　］→H_2O

❸OH^-

□❹アルカリ性の水溶液にBTB溶液を入れ，少しずつ酸性の水溶液を加えていくと，色が［　A　］色，緑色，［　B　］色と変わる。

❹A：青
B：黄

□❺アルカリ性の水溶液に酸性の水溶液を加えていくとき，はじめ水溶液中の［　A　］イオンが減少し，中性になった後［　B　］イオンが増加していく。〈愛知〉

❺A：水酸化物
B：水素

□❻酸性の水溶液とアルカリ性の水溶液の中和によってできる水以外の物質の名称。〈富山〉

❻塩（えん）

□❼酸とアルカリが中和する化学変化は，温度が上昇する［　　］反応である。〈兵庫〉

❼発熱

よくでる

□ ❽下の**表1**は，うすい塩酸に水酸化ナトリウム水溶液を加えていった結果を示したものであり，水溶液Dのみ中性になった。水溶液Fは［　　］性である。〈富山〉

表1

	A	B	C	D	E	F
うすい塩酸〔cm^3〕	100	100	100	100	100	100
加えた水酸化ナトリウム水溶液〔cm^3〕	0	20	40	60	80	100

❽アルカリ

ポイント 中性である水溶液Dよりも，多くの水酸化ナトリウム水溶液を加えた水溶液Fはアルカリ性である。

□ ❾うすい塩酸に水酸化ナトリウム水溶液を加えたとき，加えた水酸化ナトリウム水溶液の体積に比例して数が変化するイオンは［　　］イオンである。〈富山〉

❾ナトリウム

ポイント 水酸化ナトリウム水溶液を加えると，OH^-は塩酸のH^+と中和して減少するが，Na^+は加えた分だけ増加する。

□ ❿水酸化ナトリウム水溶液に塩酸を加えたときの水素イオンの数の変化を表したグラフは，下の**ア**，**イ**のうちどちらか。〈三重〉

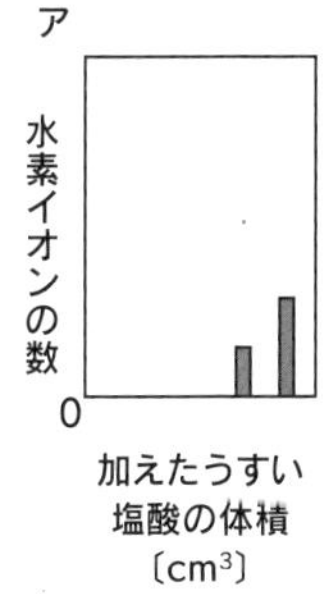

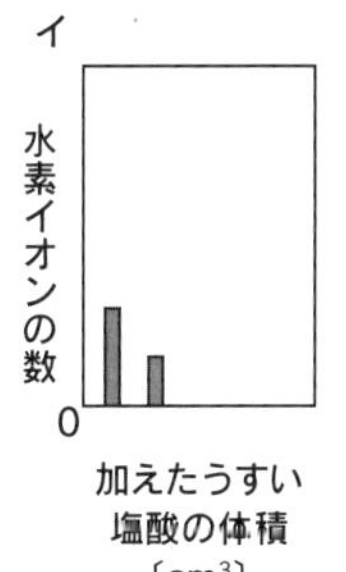

❿ア

ポイント 水素イオンは中和によって水酸化物イオンと結びついて水になるので，中性になるまでは水素イオンの数は0で，その後増えていく。

よくでる

□ ⓫下の化学反応式は，塩酸と水酸化ナトリウム水溶液の中和を表している。［　　］にあてはまる化学式は何か。〈静岡〉

$HCl + NaOH \rightarrow H_2O +$［　　］

⓫NaCl

物理編 化学編 生物編 地学編 資料編

化学編

でる度 ★★★

プラスチック

□ ❶プラスチックは，一般に，密度が［　　］，電流を通しにくい。	❶小さく
□ ❷プラスチックは，［　A　］物に分類され，一般的なものは熱や［　B　］を通しにくい。〈鹿児島〉	❷A：有機 B：電流〔電気〕
□ ❸石灰水に，プラスチックを燃やしたときに発生する気体を通すと白くにごった。この気体の名称。〈埼玉〉	❸二酸化炭素
□ ❹右の**図1**のマークがついているプラスチックは，次の**ア**～**エ**のうちどれか。〈京都〉 **ア**　ポリエチレン **イ**　ポリプロピレン **ウ**　ポリエチレンテレフタラート **エ**　ポリ塩化ビニル 図1　1　PET	❹ウ
□ ❺ペットボトル本体の原料となるプラスチックの名称と略称。	❺**名称**：ポリエチレンテレフタラート **略称**：PET
新傾向 □ ❻微生物のはたらきによって分解されるプラスチックのこと。〈鳥取〉	❻生分解性プラスチック

生物編

でる度 ★★★

観察器具の使い方

□ ❶手で持った花をルーペで観察するときは，ルーペを［　A　］に近づけて持ち，［　B　］を前後に動かしてピントを合わせる。〈静岡〉

❶A：目
B：花
ポイント 観察するものが動かせないときは，自分が前後に動く。

□ ❷下の図1の双眼実体顕微鏡（そうがんじったいけんびきょう）を使うときは，鏡筒を上下させてピントを大まかに合わせた後，［　A　］目でのぞきながら［　B　］を回してピントを合わせ，その後，［　C　］目でのぞきながら［　D　］を回してピントを合わせる。〈愛媛〉

図1

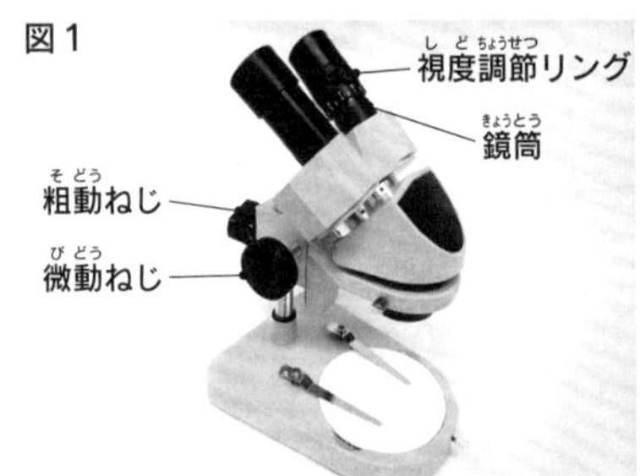

❷A：右
B：微動ねじ
C：左
D：視度調節リング
ポイント 双眼実体顕微鏡は，観察するものを20～40倍で観察できる。

□ ❸双眼実体顕微鏡は，プレパラートをつくる必要が［　　］。〈宮崎〉

❸ない

□ ❹双眼実体顕微鏡を使うと，観察するものを［　　］的に見ることができる。

❹立体

□ ❺顕微鏡（けんびきょう）は直射日光の［　　］明るい場所に置く。〈愛媛〉

❺当たらない

□ ❻顕微鏡を使うときは，はじめに倍率の最も［　　］対物レンズを用いる。〈岐阜〉

❻低い

□ ❼顕微鏡で視野(しや)全体を明るくするには反射鏡(はんしゃきょう)と［　　］を調節する。〈大阪〉

❼しぼり

よくでる

□ ❽顕微鏡で観察するときは，まず［　A　］から見ながら，対物(たいぶつ)レンズとプレパラートをできるだけ［　B　］。その後，これらを［　C　］ながらピントを合わせる。〈愛媛〉

❽A：横
B：近づける
C：遠ざけ〔離し〕

よくでる

□ ❾顕微鏡で倍率が15倍の接眼(せつがん)レンズと10倍の対物レンズを使うと，見ているものは［　　］倍に拡大される。〈兵庫〉

❾150

ポイント

顕微鏡の倍率＝接眼レンズの倍率×対物レンズの倍率　より，
15×10=150〔倍〕

□ ❿顕微鏡で観察するとき，視野の右端に見える対象物を中央に移すには，ふつうプレパラートを［　　］に動かす。〈新潟〉

❿右

⚠ 顕微鏡はふつう上下左右が逆に見える。

□ ⓫観察するときに倍率を上げると，顕微鏡の視野の広さは［　　］なる。〈愛媛〉

⓫せまく

□ ⓬高倍率にすると，顕微鏡の視野の明るさは［　A　］なり，対物レンズとプレパラートの間の距離は［　B　］なる。

⓬A：暗く
B：せまく〔小さく，近く〕

新傾向

□ ⓭10倍，15倍の接眼レンズと，4倍，10倍，40倍の対物レンズがある。400倍で観察するには，［　A　］の接眼レンズと［　B　］の対物レンズを使う。〈静岡〉

⓭A：10倍
B：40倍

ポイント

400÷10＝40〔倍〕

物理編　化学編　生物編　地学編　資料編

でる度 ★★★

花のつくりとはたらき

よくでる

□ ❶下の**図1**は，ある被子植物の断面図である。各部の名称を答えよ。

図1

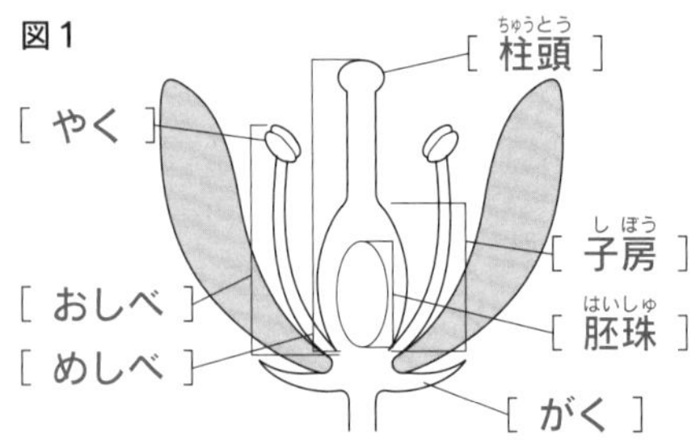

□ ❷めしべの先端部分のこと。〈栃木〉

❷柱頭

□ ❸おしべの先端の袋状になっている部分の中に入っているもの。〈新潟〉

❸花粉

□ ❹右の**図2**は，タンポポの小さい花の1つをスケッチしたものである。Aの部分の名称。〈山形〉

図2

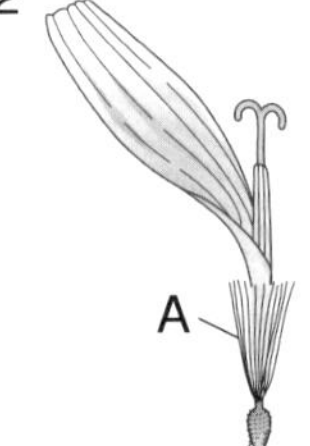

❹がく

ポイント がくは種子の先についた綿毛の部分になる。

□ ❺タンポポの花の花弁はくっついているか，離れているか。〈長崎〉

❺くっついている

□ ❻カキの食べる部分は，花のつくりの［　A　］が成長したもので，種子は，花のつくりの［　B　］が成長したものである。〈鳥取〉

❻A：子房
B：胚珠

□ ⑦次の**ア**～**エ**を，外側から中心に向かって並んでいた順に並べよ。〈三重〉

ア　おしべ　　**イ**　めしべ

ウ　がく　　**エ**　花弁

⑦ウ，エ，ア，イ

□ ⑧花粉がめしべの［　　］につくことを受粉（じゅふん）という。〈山梨〉

⑧柱頭

□ ⑨胚珠は成長すると［　　］になる。〈三重〉

⑨種子

□ ⑩右の**図3**はマツである。将来まつかさになる雌花（めばな）は**ア**，**イ**のうちどちらか。〈長崎〉

図3

⑩ア

ポイント　イは雄花（おばな）である。

□ ⑪マツの雄花のりん片は右の**図4**の**ア**，**イ**のうちどちらか。〈長崎〉

図4

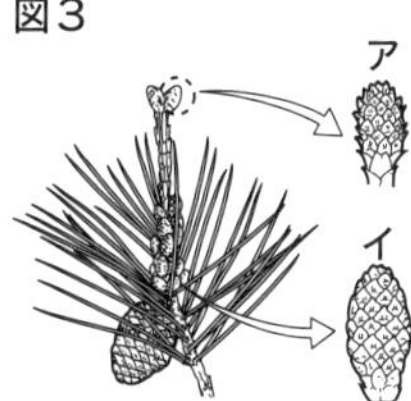

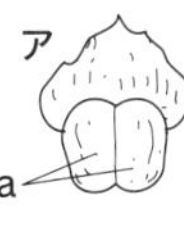

⑪ア

ポイント　イは雌花のりん片である。

□ ⑫**図4**の**a**の名称。〈千葉〉

⑫花粉のう

□ ⑬**図4**の**b**は［　　］で，受粉後に種子となる。

⑬胚珠

□ ⑭マツと同じような花がさく植物は，次の**ア**～**エ**のどれか。すべて選べ。〈和歌山〉

ア　アサガオ　　**イ**　イチョウ

ウ　イネ　　**エ**　スギ

⑭イ，エ

物理編　化学編　生物編　地学編　資料編

でる度 ★★★

植物の分類

□ ❶種子(しゅし)をつくる植物を［　　］植物という。

❶種子

よくでる

□ ❷胚珠(はいしゅ)が子房(しぼう)の中にある植物の名称。〈岐阜〉

❷被子植物(ひししょくぶつ)

□ ❸マツのように，胚珠がむき出しになっている植物のなかまの名称。〈茨城〉

❸裸子植物(らししょくぶつ)

よくでる

□ ❹トウモロコシのように，子葉(しよう)が1枚の植物のなかまの名称。

❹単子葉類(たんしようるい)

ポイント 単子葉類にはイネやツユクサなどがある。

□ ❺エンドウのように，子葉が2枚の植物のなかまの名称。〈山梨〉

❺双子葉類(そうしようるい)

ポイント 双子葉類にはアブラナやタンポポなどがある。

□ ❻右の**図1**は，双子葉類の葉である。このような葉脈を［　　］という。〈高知〉

図1

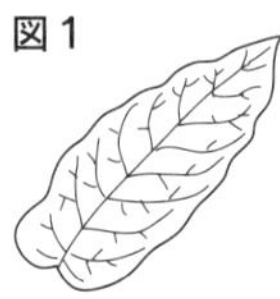

❻網状脈

□ ❼右の**図2**は，単子葉類の葉である。このような葉脈を［　　］という。

図2

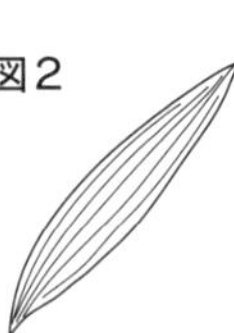

❼平行脈

□ ❽双子葉類の植物の根は，［　A　］根とよばれる太い根と［　B　］根とよばれる細い根からなる。〈静岡〉

❽A：主
B：側

よくでる

□ ❾イネのような単子葉類の根は［　　］根とよばれるたくさんの細い根からなる。〈香川〉

❾ひげ

□ ❿サクラのように，花弁（かべん）が1枚ずつに分かれている植物のなかまの名称。〈山梨〉

❿離弁花類（りべんかるい）
⚠ サクラのほかにウメ，アブラナなど。

□ ⓫アサガオのように，花弁が1つにくっついている植物のなかまの名称。〈鹿児島〉

⓫合弁花類（ごうべんかるい）
⚠ アサガオのほかにツツジ，タンポポなど。

よくでる

□ ⓬シダ植物やコケ植物は［　　］をつくってなかまをふやす。〈徳島〉

⓬胞子（ほうし）

□ ⓭右の**図3**の，胞子がつくられる部分の名称。〈三重〉

図3

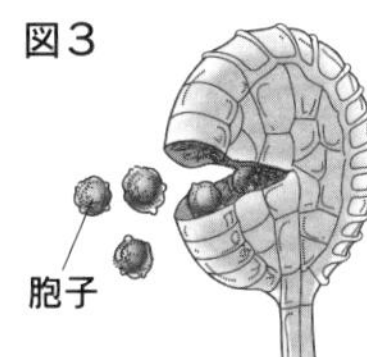

⓭胞子のう

□ ⓮ゼニゴケなどのコケ植物は，雌株（めかぶ）と雄株（おかぶ）のどちらで胞子をつくるか。〈愛媛〉

⓮雌株

□ ⓯葉，茎，根の区別ができるのは，シダ植物とコケ植物のうちどちらか。〈愛媛〉

⓯シダ植物

□ ⓰コケ植物は［　　］の表面から水をとり入れている。〈静岡〉

⓰からだ

□ ⓱コケ植物には［　A　］という，からだを土や岩に［　B　］する部分がある。〈福島〉

⓱A：仮根（かこん）
B：固定

物理編 化学編 生物編 地学編 資料編

でる度 ★★★

動物の分類

□ ❶背骨がある動物のなかまの名称。〈岐阜〉	❶セキツイ動物〔脊椎動物〕
□ ❷セキツイ動物の中で，子が母体内で成長してから生まれる動物のなかまの名称。〈福井〉	❷ホニュウ類
□ ❸母体内である程度成長してから子が生まれる生まれ方のこと。〈福井〉	❸胎生
□ ❹親が産んだ卵から子が生まれる生まれ方のこと。	❹卵生
□ ❺セキツイ動物の中で，一生えら呼吸をする動物のなかまの名称。〈山口〉	❺魚類
よくでる □ ❻セキツイ動物の中で，子はえらなどで呼吸し，親は肺などで呼吸する動物のなかまの名称。〈山口〉	❻両生類
□ ❼両生類は［　　］のない卵を水中に産む。〈茨城〉	❼殻
□ ❽ハチュウ類は［　　］のある卵を陸上に産む。〈岐阜〉	❽殻
□ ❾セキツイ動物の中で，からだが羽毛でおおわれ，殻のある卵を陸上に産む動物のなかまの名称。〈茨城〉	❾鳥類

□ ⑩ライオンのような肉食動物の目は前向きについているので，前方の広い範囲で［　　］を正確につかみやすい。〈愛知〉

⑩距離

□ ⑪シマウマのような草食動物の目は顔の側面についているので，視野が［　　］，敵を早く見つけることができる。〈香川〉

⑪広く

□ ⑫背骨がない動物のなかまの名称。〈三重〉

⑫無セキツイ動物〔無脊椎動物〕

□ ⑬無セキツイ動物の中で，［　A　］をもち，からだやあしに節があるものを［　B　］動物という。〈茨城〉

⑬A：外骨格
B：節足

□ ⑭無セキツイ動物の中で，バッタやカブトムシなどを［　　］類という。〈福島〉

⑭昆虫

□ ⑮昆虫類は，からだの［　　］というすき間から空気をとり入れている。

⑮気門

よくでる

□ ⑯無セキツイ動物のうち，エビやカニなどを［　　］類という。〈福島〉

⑯甲殻

□ ⑰カニやカブトムシがもつ，からだの外側をおおい，からだを支え，からだの内部を保護するつくりのこと。〈埼玉〉

⑰外骨格

ポイント 外骨格に対し，からだを内部から支える骨格を内骨格という。

□ ⑱イカと貝は，からだに節がなく，外とう膜が内臓を包んでいるという共通点をもち，無セキツイ動物のなかでも［　　］動物に分類される。〈山形〉

⑱軟体

ポイント 水中で生活するものはえらで呼吸する。

でる度 ★★★

生物と細胞

□ ❶下の**図1**は，植物の細胞を模式的に表したものである。各部の名称を答えよ。〈愛媛〉

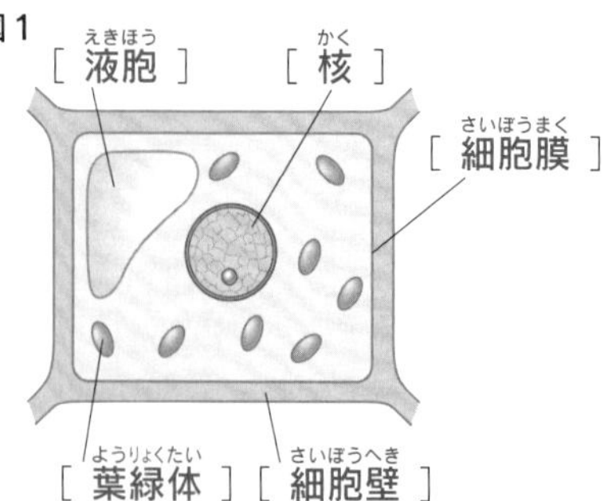

□ ❷細胞の核と細胞壁以外の部分の名称。

❷細胞質

□ ❸植物の細胞には［　　］があるので，動物の細胞とはちがい，細胞の境界の線がはっきりしている。〈富山〉

❸細胞壁

□ ❹植物の細胞の［　　］の内部には液体が満たされていて，さまざまな物質がためられる。

❹液胞

□ ❺下の**図2**は，動物の細胞を模式的に表したものである。各部の名称を答えよ。

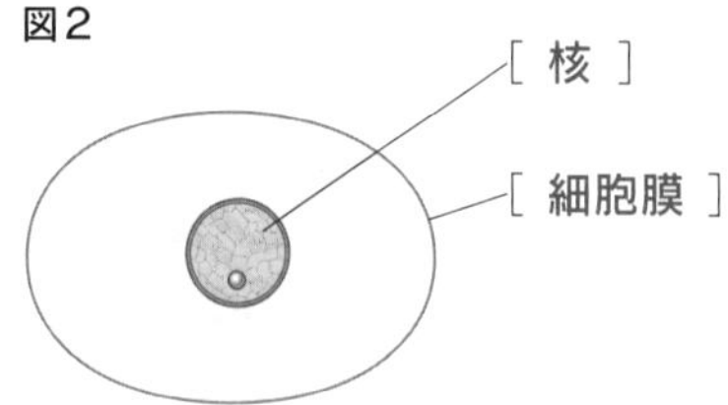

よくでる

□ ❻動物の細胞と植物の細胞に共通して見られるつくりで，遺伝子(いでんし)をふくむものの名称。〈愛媛〉

❻核

よくでる

□ ❼細胞の核を染めるために使う染色液の名称。〈長崎〉

❼酢酸カーミン(溶)液〔酢酸オルセイン(溶)液，酢酸ダーリア(溶)液〕

よくでる

□ ❽タマネギの根で細胞分裂(さいぼうぶんれつ)を観察するとき，根をうすい塩酸の入った試験管に入れて60℃の湯であたためるのは，細胞1つ1つが［　　］やすくするためである。〈福島〉

❽離れ

□ ❾からだが1個の細胞からできている生物の名称。〈山梨〉

❾単細胞生物(たんさいぼうせいぶつ)

□ ❿からだがたくさんの細胞からできている生物の名称。

❿多細胞生物(たさいぼうせいぶつ)

□ ⓫右の**図3**は，顕微鏡(けんびきょう)で観察したゾウリムシのスケッチである。ゾウリムシは単細胞生物か多細胞生物か。〈茨城〉

図3

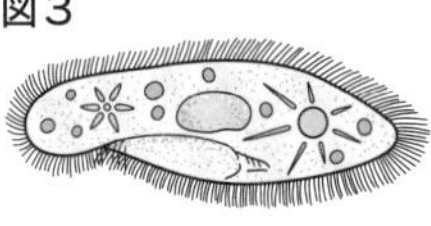

⓫単細胞生物

□ ⓬形やはたらきが同じ細胞どうしの集まりの名称。〈佐賀〉

⓬組織(そしき)

□ ⓭組織が集まって，決まった形とはたらきをもつものの名称。〈佐賀〉

⓭器官(きかん)

ポイント 胃や肝臓(かんぞう)，葉，根など。

□ ⓮ヒトなどの生物のように，いくつかの器官が集まってつくられるものの名称。

⓮個体(こたい)

でる度 ★★★

根・茎・葉のつくりとはたらき

□ ❶右の**図1**は，葉の断面図である。水の通り道である道管(どうかん)は**ア**～**ウ**のうちどれか。〈和歌山〉

図1
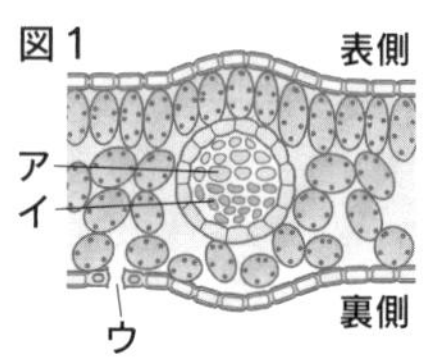

❶**ア**
⚠ イは師管(しかん)，ウは気孔(きこう)である。

□ ❷葉の維管束(いかんそく)は［　　　］とも呼ばれる。〈兵庫〉

❷**葉脈(ようみゃく)**

□ ❸右の**図2**で示した，三日月形の細胞に囲まれたすきまの名称。〈香川〉

図2
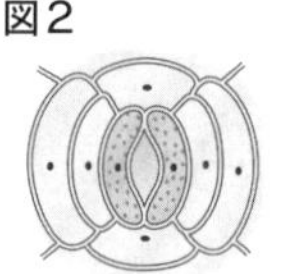

❸**気孔**

□ ❹**図2**の気孔のまわりにある三日月形の細胞の名称。〈福島〉

❹**孔辺細胞(こうへんさいぼう)**

□ ❺右の**図3**は，双(そう)子葉類(しようるい)の茎(くき)の断面図である。水の通り道である**ア**の部分の名称。〈新潟〉

図3
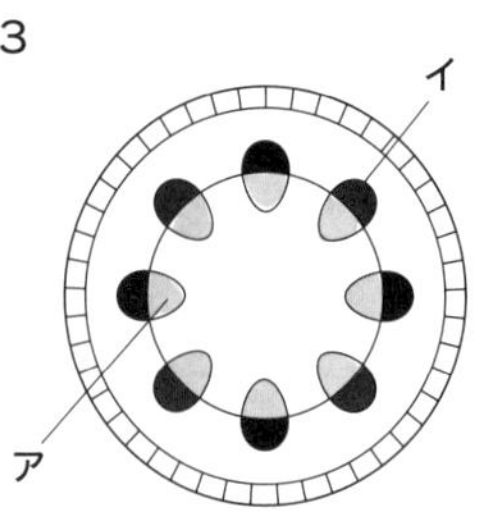

❺**道管(どうかん)**

よくでる

□ ❻図3において，葉でつくられた栄養分が運ばれるイの部分の名称。〈三重〉

❻師管（しかん）

□ ❼道管と師管がまとまって束になっているものの名称。〈香川〉

❼維管束（いかんそく）

よくでる

□ ❽赤インクをとかした水に植物をさしたとき，赤く染まるのは道管と師管のうちどちらか。〈沖縄〉

❽道管

ポイント 水の通り道である道管に赤インクをとかした水が通り，赤く染まる。

□ ❾根毛（こんもう）には，水や［ A ］などを効率よく吸収するほかに，植物のからだを土に［ B ］するはたらきもある。〈石川〉

❾A：養分〔肥料分〕
B：固定

□ ❿植物のからだから水が水蒸気になって出ていく現象。〈宮崎〉

❿蒸散（じょうさん）

よくでる

□ ⓫下の図4のように，長さと太さをそろえたホウセンカを3本，同じ量の水を入れた3本のメスシリンダーにさし，日光が当たる風通しのよいところに2時間置いた。すると，減少した水の量はAの方がBやCよりも多かった。これは気孔の数が葉の［ ］側に多いためである。〈福島〉

図4

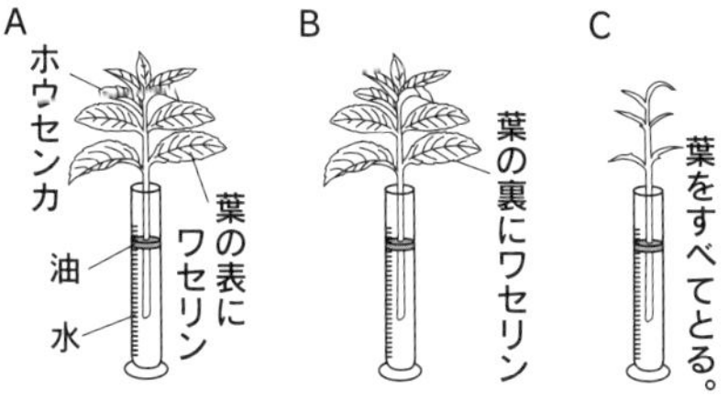

⓫裏

ポイント 葉の表や裏にワセリンをぬり，気孔をふさいで水の量の変化を調べる。

物理編 化学編 生物編 地学編 資料編

□ ⑫ p.77の**図4**の実験では，水面に油がたらしてある。これは，水面から水が［　　］するのを防ぐためである。〈岩手〉

⑫ 蒸発

よくでる

□ ⑬ 葉の内部の細胞の中にある緑色の粒の名称。〈三重〉

⑬ 葉緑体

□ ⑭ 光合成の際，発生する気体の名称。

⑭ 酸素

□ ⑮ 光合成によってつくられる有機物の名称。〈香川〉

⑮ デンプン

□ ⑯ 右の**図5**のような葉のつき方は，どの葉にも［　　］が当たるので光合成に都合がよい。〈和歌山〉

図5

⑯ 日光〔光〕

□ ⑰ 下の**図6**のように，青色のBTB溶液に息をふきこんで緑色にしたものを試験管に入れ，オオカナダモを加えた。試験管を光の当たる場所に置いて十分光を当てると，試験管内では呼吸よりも［　A　］がさかんに行われたため，BTB溶液は［　B　］色になった。〈愛知〉

図6

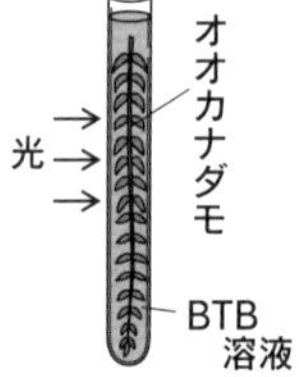

光

オオカナダモ

BTB溶液

⑰ A：光合成
B：青

ポイント〉試験管の中では光合成がさかんに行われ，二酸化炭素が減り，酸素が増える。二酸化炭素が減ると，液の色はもとにもどる。

□ ⑱ デンプンを検出するときに使用する薬品の名称。〈香川〉

⑱ ヨウ素(溶)液

□ ⑲ デンプンにヨウ素液をつけると［　　］色を示す。〈佐賀〉

⑲ 青紫

消化と吸収

□ ❶下の**図1**は，ヒトのからだのつくりを模式的に表したものである。各部の名称を答えよ。

図1

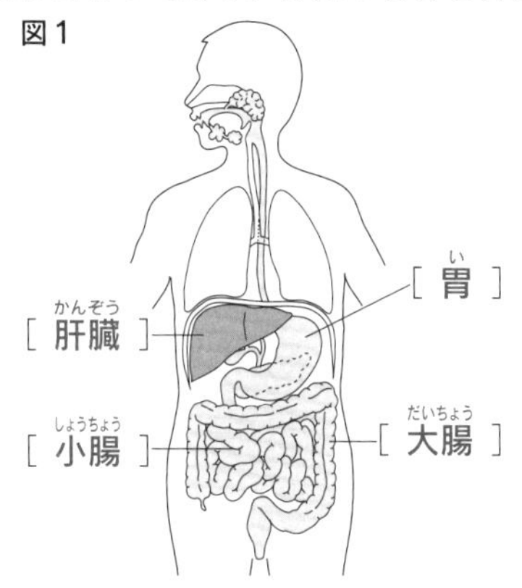

□ ❷口から入った食物の通り道で，食道から肛門につながる1本の管のこと。

❷消化管

よくでる

□ ❸だ液に含まれる消化酵素の［　A　］は，［　B　］を分解する。〈和歌山〉

❸A：アミラーゼ
B：デンプン

新傾向

□ ❹デンプンをアミラーゼで分解するときに，約40℃の湯を入れたビーカーであたためた。これは，アミラーゼが最もよくはたらく温度がヒトの［　　］くらいの温度だからである。〈福井〉

❹体温

□ ❺消化液によって，脂肪は［　A　］と［　B　］に分解される。〈富山〉

❺A：脂肪酸
B：モノグリセリド
（順不同）

□ ❻下の**図2**のように，試験管**A**と**C**にヨウ素液を加えると，色が変わるのは**A**と**C**のうちどちらか。〈和歌山〉

図2

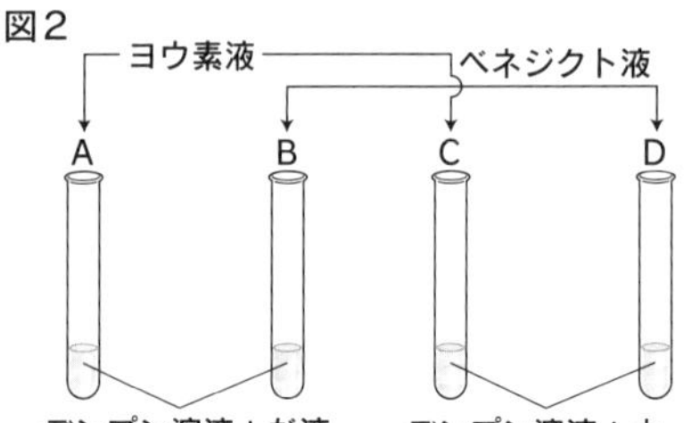

❻C

ポイント 試験管Aでは，アミラーゼによってデンプンが分解されているので，液の色は変わらない。

よくでる

□ ❼**図2**で，試験管**B**と**D**にベネジクト液を加えて加熱すると，色が変わるのは**B**と**D**のうちどちらか。〈和歌山〉

❼B

ポイント 試験管Bでは麦芽糖（ばくがとう）ができている。

□ ❽ベネジクト液をブドウ糖に加えて加熱すると液の色が［　　］になる。〈茨城〉

❽**赤褐色**（せきかっしょく）

新傾向

□ ❾１つの条件以外を同じにして行う実験。〈新潟〉

❾**対照実験**（たいしょうじっけん）

□ ❿胃液に含まれる消化酵素の［　A　］は，［　B　］を分解する。〈新潟〉

❿A：ペプシン
B：タンパク質

□ ⓫デンプン，タンパク質，脂肪のうち，［　　］はおもにからだをつくる材料となる。〈香川〉

⓫**タンパク質**

□ ⓬消化酵素などのはたらきで，タンパク質は最終的に［　　］に分解される。〈和歌山〉

⓬**アミノ酸**

□ ⓭胆汁（たんじゅう）がつくられる器官（きかん）の名称。〈宮崎〉

⓭**肝臓**

□ ⑭胆汁は［　　］にたくわえられる。〈香川〉

⑭胆のう

□ ⑮すい液に含まれる消化酵素のリパーゼは［　　］を分解する。

⑮脂肪

□ ⑯デンプンはだ液のアミラーゼのほかに，すい液や［　　］の壁の消化酵素のはたらきで分解される。〈福島〉

⑯小腸

□ ⑰右の図3のような，小腸の壁の表面にある小さな突起の名称。〈岐阜〉

図3

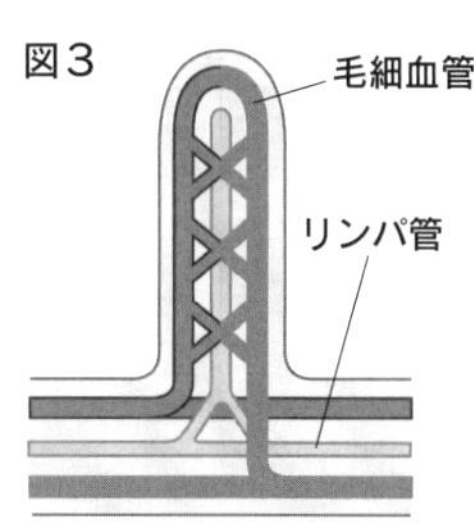

⑰柔毛

□ ⑱小腸には柔毛があるので，［　　］が増え，栄養分をより効率的に吸収できる。〈和歌山〉

⑱表面積

□ ⑲柔毛の毛細血管に入る物質は，［　A　］と［　B　］である。〈長崎〉

⑲A：ブドウ糖
B：アミノ酸
（順不同）

□ ⑳脂肪酸とモノグリセリドは，柔毛から吸収された後，再び脂肪となって，柔毛の［　　］に入る。〈新潟〉

⑳リンパ管

□ ㉑小腸で吸収されたブドウ糖とアミノ酸が最初に運ばれる器官の名称。〈愛媛〉

㉑肝臓

ポイント 肝臓は栄養分を一時的にたくわえるはたらきをする。

物理編 化学編 生物編 地学編 資料編

でる度 ★★★

呼吸のはたらき

□ ❶口や鼻から吸いこまれた空気は［　　］を通って肺に入る。〈香川〉

❶気管

□ ❷気管が枝分かれした部分の名称。

❷気管支

□ ❸肺の呼吸運動は肺の下の［　　］や，外側のろっ骨を動かす筋肉のはたらきで行われている。

❸横隔膜

□ ❹肺には，下の**図1**のような毛細血管に囲まれた小さな袋状のものがあり，酸素と二酸化炭素の交換を効率よく行っている。この小さな袋状のものの名称。〈長崎〉

図1

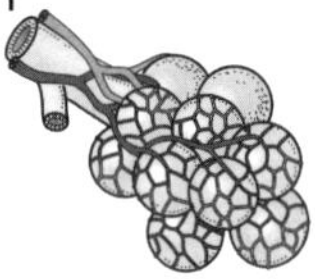

❹肺胞

よくでる

□ ❺肺胞があることで肺の［　　］が広くなり，効率よく呼吸ができる。〈北海道〉

❺表面積

□ ❻細胞は，吸収された［　A　］と肺でとりこまれた［　B　］を使ってエネルギーを得る。これを［　C　］という。〈大分〉

❻A：栄養分
B：酸素
C：細胞呼吸〔細胞による呼吸〕

□ ❼細胞の活動によって，アンモニアや［　　］などの不要な物質が発生する。

❼二酸化炭素

でる度 ★★★

血液の循環

□ ❶心臓から出た血液の道すじのうち，血液が肺以外の全身に送られ，ふたたび心臓にもどる道すじのこと。

❶体循環（たいじゅんかん）

□ ❷体循環以外のもう1つの血液の道すじで，血液が心臓→肺動脈（はいどうみゃく）→肺→肺静脈（はいじょうみゃく）→心臓と流れる道すじのこと。

❷肺循環（はいじゅんかん）

よくでる

□ ❸右の図1で，消化酵素のはたらきでできた栄養分を最も多く含む血液が流れる血管をア～エから選べ。〈沖縄〉

図1

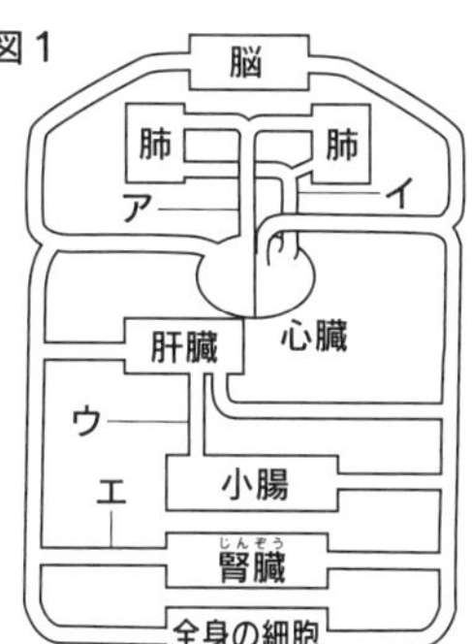

❸ウ

ポイント 栄養分は小腸で吸収されて肝臓に運ばれるので，ウの血管には，栄養分を多くふくむ血液が流れる。

よくでる

□ ❹図1で，血液中の尿素（にょうそ）が最も少ない血液が流れる血管をア～エから選べ。〈佐賀〉

❹エ

ポイント 尿素は腎臓でこしとられる。

よくでる

□ ❺図1で，酸素を最も多く含む血液が流れる血管をア～エから選べ。〈長崎〉

❺イ

ポイント 酸素は，肺で血液中にとり入れられる。

□ ❻図1のイの血管の名称。〈愛媛〉

❻肺静脈

ポイント 肺静脈には動脈血（どうみゃくけつ）が流れる。

□ ❼ p.83の**図１**の**ア**の血管の名称。〈沖縄〉

❼肺動脈

□ ❽ **図１**で，**ア**の血管を流れる血液は，**イ**の血管を流れる血液よりも二酸化炭素を多く含んでいるか含んでいないか。〈佐賀〉

❽含んでいる

ポイント 全身から心臓にもどった血液には二酸化炭素が多く含まれている。

□ ❾ 酸素が多く，二酸化炭素が少ない血液の名称。〈茨城〉

❾動脈血

□ ❿ 二酸化炭素が多く，酸素が少ない血液の名称。〈佐賀〉

❿静脈血

□ ⓫ 静脈は動脈と比べて血管の壁が［　A　］，ところどころに血液の逆流を防ぐ［　B　］がある。〈佐賀〉

⓫A：うすく
B：弁

□ ⓬ ヒトの心臓は４つの部屋に分かれており，全身に血液を送り出す部屋は［　　］である。〈沖縄〉

⓬左心室

□ ⓭ 下の**図２**は，正面から見た心臓の拍動の状態を表した模式図である。**図２**の矢印は血液の流れる向きを示している。**図２**のとき，心室が縮んで，［　A　］へ静脈血が流れ，［　A　］以外の全身へ［　B　］が流れ出る。〈福島〉

図２

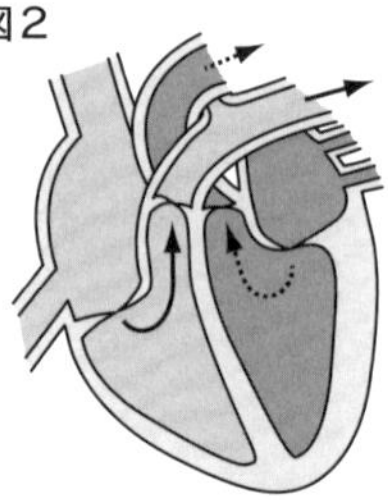

⓭A：肺
B：動脈血

血液の成分

よくでる

□ ❶右の図1は，ヒトの血液を顕微鏡で観察し，その結果を模式的に表したものである。固形成分アの名称。 〈愛知〉

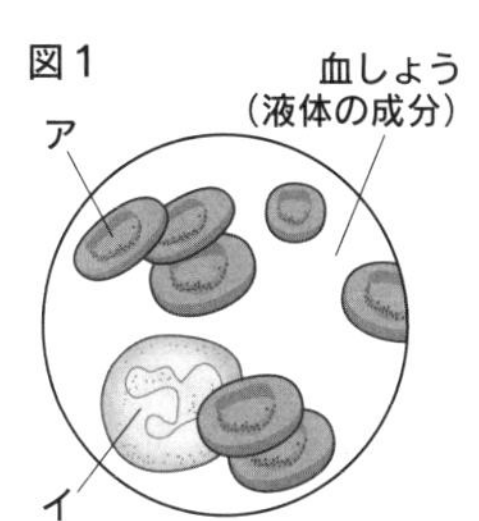

❶赤血球

□ ❷図1の固形成分イの名称。

❷白血球

よくでる

□ ❸赤血球には，酸素を運ぶ［　　］という物質が含まれている。 〈京都〉

❸ヘモグロビン

ポイント ヘモグロビンの色は赤色である。

□ ❹ヘモグロビンは，酸素の［　A　］ところでは酸素と結びつき，酸素の［　B　］ところでは酸素の一部を離す性質がある。 〈愛知〉

❹A：多い
B：少ない

□ ❺白血球はからだに侵入してきた［　　］などを分解する。 〈群馬〉

❺細菌

□ ❻小腸の柔毛で吸収されたブドウ糖やアミノ酸がとけこむ血液の液体の成分。 〈愛媛〉

❻血しょう

よくでる

□ ❼血しょうが毛細血管からしみ出たもので，細胞のまわりを満たす液体の名称。 〈岐阜〉

❼組織液

□ ❽血液の成分で，出血したときに血液を固めるはたらきをしているものの名称。 〈福岡〉

❽血小板

でる度 ★★★

排出のしくみ

□ ❶ヒトのからだの細胞で生命活動が行われると，二酸化炭素や［　　］などの不要な物質ができる。

❶アンモニア

よくでる

□ ❷アンモニアはからだにとって有害な物質であり，［　　］で尿素(にょうそ)に変えられる。〈山梨〉

❷肝臓(かんぞう)

よくでる

□ ❸右の図1のアは，血液中の尿素などの不要な物質をろ過する器官である。この器官の名称。〈京都〉

図1

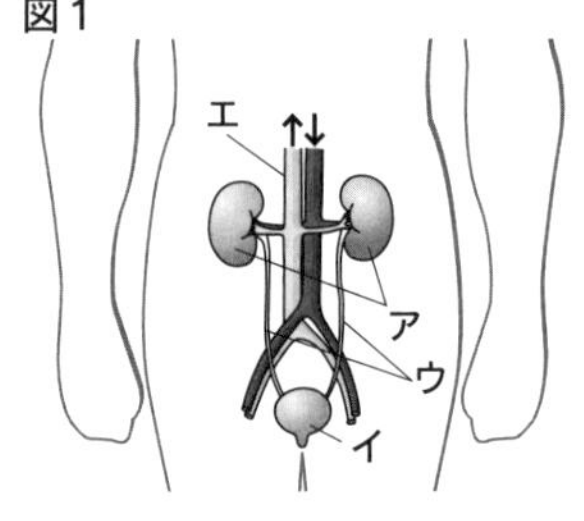

❸腎臓(じんぞう)

□ ❹腎臓は尿素などの不要な物質を血液中からこしとり，［　　］をつくる。〈香川〉

❹尿

□ ❺尿は［　　］に一時的にためられた後，体外に排出される。〈佐賀〉

❺ぼうこう

□ ❻ぼうこうは**図1**の**ア**〜**ウ**のうちどれか。

❻イ

□ ❼**図1**の**ウ**の名称。〈山梨〉

❼輸尿管(ゆにょうかん)

□ ❽**図1**の矢印は血液の流れる向きを示している。**エ**は動脈(どうみゃく)と静脈(じょうみゃく)のどちらか。〈山梨〉

❽静脈

刺激と反応

物理編
化学編
生物編
地学編
資料編

よくでる

□ ❶目や耳のように，外界からの刺激を受けとる器官。〈鳥取〉

❶感覚器官

□ ❷感覚器官からせきずいに信号を伝える神経の名称。〈栃木〉

❷感覚神経

□ ❸右の図1は，目のつくりを模式的に表したものである。それぞれの名称を答えよ。〈愛知〉

図1 ［レンズ〔水晶体〕］ ［虹彩］ ［網膜］

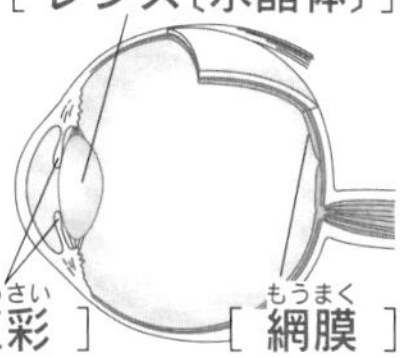

□ ❹目では，［　A　］が物体からの光を屈折させ，［　B　］の上に像をつくる。〈兵庫〉

❹A：レンズ〔水晶体〕
B：網膜

□ ❺［　　］は，明るさによってひとみの大きさを変え，目に入る光の量を調節する。〈京都〉

❺虹彩

□ ❻耳は，音による振動を鼓膜でとらえ，下の図2のアの［　A　］を通してイの［　B　］に伝えることで音の刺激を受けとっている。〈茨城〉

図2

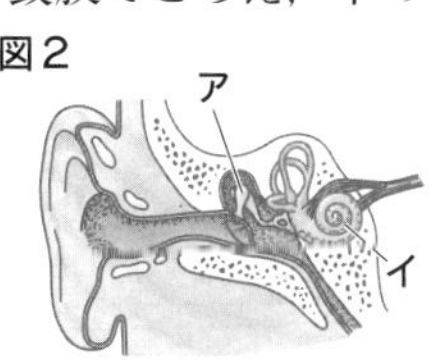

❻A：耳小骨
B：うずまき管

よくでる

□ ❼脳とせきずいからできている神経の名称。〈京都〉

❼中枢神経

□ ❽からだのすみずみまでいきわたっている感覚神経や運動神経などをまとめて［　　］という。

❽末しょう神経

□ ❾脳やせきずいからの命令の信号を筋肉に伝える神経の名称。〈和歌山〉

❾運動神経

よくでる

□ ❿手が冷たくなったので，ポケットに手を入れた。このとき，刺激が伝わり反応が起こるまでの道すじを右の**図3**の**ア**～**エ**の記号で答えよ。〈新潟〉

図3

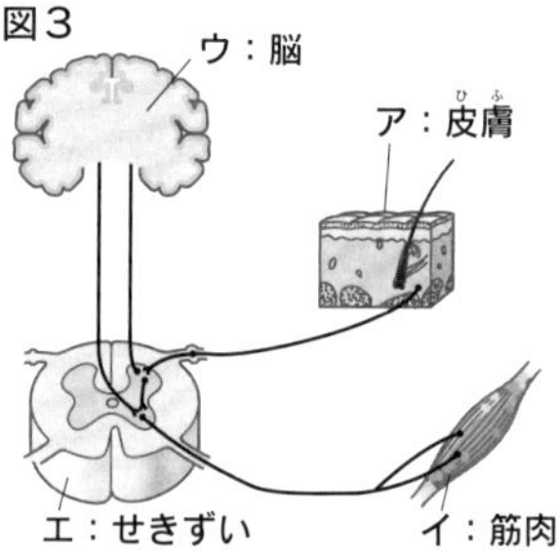

ウ：脳
ア：皮膚
エ：せきずい
イ：筋肉

❿ア→エ→ウ→エ→イ

ポイント 皮膚で受けた刺激の信号がせきずいを通して脳に伝わり，脳からの命令の信号がせきずいを通して筋肉に伝わる。

□ ⓫手を強くにぎられてから反対側の手でものさしをつかむまでの経路を，下のように表した。［　　］に入る末しょう神経の名称を書け。〈山口〉

にぎられた手の皮膚→［　A　］→中枢神経→［　B　］→反対側の手の筋肉

⓫A：感覚神経
B：運動神経

よくでる

□ ⓬口の中に脱脂綿を入れると意識と関係なくだ液が出るような，刺激に対して意識とは関係なく起こる反応のこと。〈茨城〉

⓬反射

よくでる

□ ⓭熱いものにふれて思わず手を引っこめたとき，刺激が伝わり反応が起こるまでの道すじを**図3**の**ア**～**エ**の記号で答えよ。〈新潟〉

⓭ア→エ→イ

ポイント この場合，脳ではなく，せきずいが命令を出す。

□ ⑭無意識に起こる反応は，意識して起こる反応よりも刺激を受けてから反応が起こるまでの時間が［　　］。〈兵庫〉

⑭短い

ポイント 無意識に起こる反応（反射）はせきずいなどから直接命令が伝えられるので，短い時間で反応が起こる。

□ ⑮熱いものに手がふれると，「皮膚→感覚神経→［　　］→運動神経→筋肉」という経路で信号が伝わり，思わず手を引っこめる反応が起こる。〈愛知〉

⑮せきずい

⚠ 命令の信号はせきずいから出るので，反応までの時間が短い。

□ ⑯周囲が明るくなると，ひとみの大きさは［　　］なる。〈京都〉

⑯小さく

□ ⑰骨と筋肉をつないでいる，丈夫なつくりの名称。〈滋賀〉

⑰けん

□ ⑱骨と骨のつなぎ目で，曲がることができる部分の名称。

⑱関節（かんせつ）

□ ⑲ヒトが腕（うで）立てふせで自分のからだを持ち上げるとき，右の**図4**の筋肉**ア**，**イ**のうちどちらが収縮したか。〈兵庫〉

図4

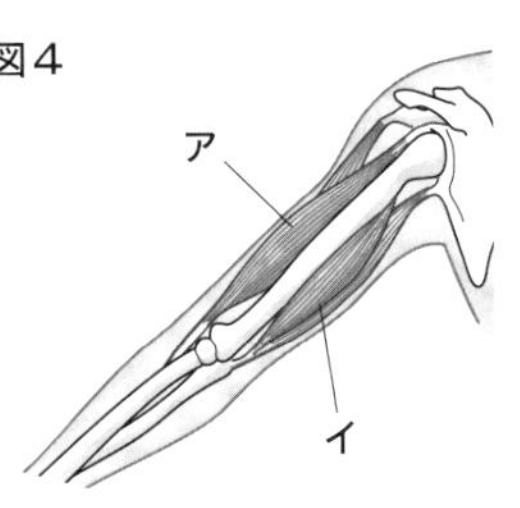

⑲イ

⚠ 腕を曲げるときはアが収縮し，腕をのばすときはイが収縮する。

□ ⑳熱いものにさわって，とっさに手を引っこめたとき，「腕を曲げる」という命令が伝わった筋肉は，**図4**の［　　］である。〈岐阜〉

⑳ア

でる度 ★★★

細胞分裂

よくでる

□ ❶下の**図1**のように，タマネギの根に等間隔に印をつけて，水につけて24時間成長させた。印の位置は下の**ア**～**ウ**のうちどのようになったか。〈石川〉

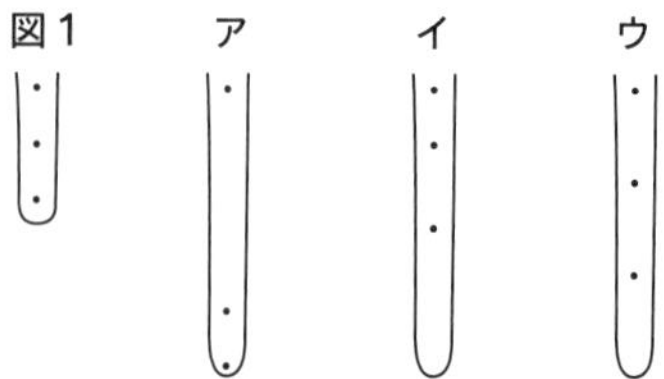

❶イ

ポイント 植物の根は先端に近い部分が成長してのびる。

よくでる

□ ❷根がのびるとき，細胞が分裂して数が増えるとともに，増えた細胞自体が［　　］なる。〈福島〉

❷大きく

よくでる

□ ❸下の**図2**の**ア**～**オ**は，体細胞分裂における異なる段階の細胞のようすである。**ア**を最初，**エ**を最後として**ア**～**オ**を細胞分裂の進む順に並べよ。〈京都〉

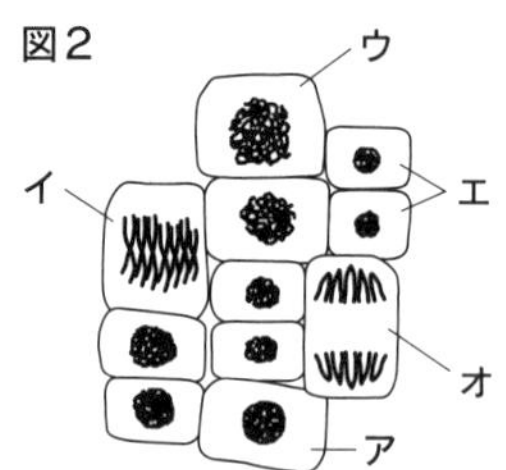

❸ア→ウ→イ→オ→エ

ポイント 核が分裂した後，細胞が2つに分かれる。イやオで見られるひものようなものを染色体という。

□ ❹体細胞分裂の前後では，1つの細胞に含まれる染色体の数は変わるか，それとも変わらないか。〈京都〉

❹変わらない

生物のふえ方

□ ❶受精というふえ方とは別に，親のからだの一部から新しい個体ができるふえ方。〈沖縄〉

❶無性生殖
ポイント 受精をともなう生殖を有性生殖という。

□ ❷無性生殖では，子の形質は親の形質と同じになる。これは親の［　　］をそのまま受けつぐからである。〈岐阜〉

❷遺伝子

□ ❸有性生殖における，細胞1個あたりの染色体数が半分になる細胞分裂のこと。〈大阪〉

❸減数分裂

□ ❹被子植物のめしべの胚珠の中に含まれている生殖細胞の名称。〈長崎〉

❹卵細胞

□ ❺被子植物が受粉した後，胚珠に向かってのびていく花粉管の中にある生殖細胞の名称。〈長崎〉

❺精細胞

□ ❻卵細胞の核と精細胞の核が合体することを［　A　］といい，［　A　］によってできたものを［　B　］という。〈香川〉

❻A：受精
B：受精卵

□ ❼受精卵が成長し，自分で食物をとることのできる個体となる前までのものの名称。〈福井〉

❼胚

よくでる
□ ❽受精卵が細胞分裂をくり返しながら変化し，その生物に特有のからだを完成させていく過程のこと。〈新潟〉

❽発生

□ ⑨下の**図1**は，ある動物の雌と雄のからだの細胞に含まれる染色体である。この動物の雌の生殖細胞に含まれる核の染色体は，次の**ア**，**イ**のうちどちらか。〈新潟〉

図1

ア　**イ**

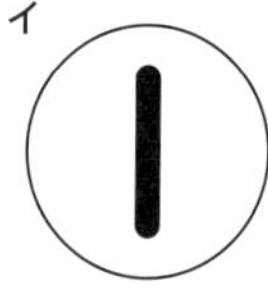

⑨**イ**

ポイント 生殖細胞の染色体の数はもとの細胞の半分になる。

よくでる

□ ⑩**図1**の動物の雌と雄の生殖細胞が合体してできた子のからだに含まれる核の染色体は，次の**ア**，**イ**のうちどちらか。〈新潟〉

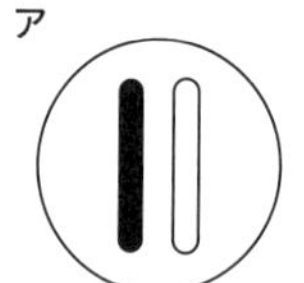

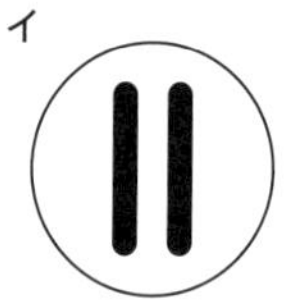

⑩**ア**

ポイント 雄と雌の生殖細胞にはそれぞれもとの細胞の染色体が半分ずつ入っており，合体するとアのような染色体をもつ細胞になる。

□ ⑪下の**図2**は，カエルの生殖と発生の一部を表している。**ア**～**オ**の中から，生殖細胞であるものをすべてあげよ。〈山梨〉

図2

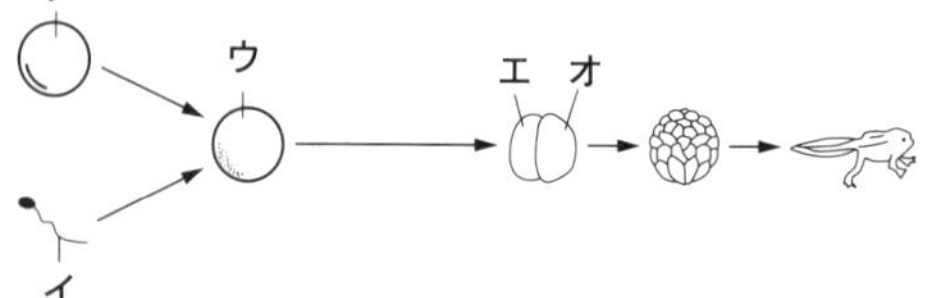

⑪**ア**，**イ**

⚠ 動物の生殖細胞は精子と卵である。

遺伝の規則性

□ ❶核内にあって，細胞分裂のときにひも状に見える［　　］には遺伝子が含まれている。〈沖縄〉

❶染色体

よくでる

□ ❷染色体の中に含まれ，遺伝子の本体である物質の名称。〈栃木〉

❷ＤＮＡ〔デオキシリボ核酸〕

よくでる

□ ❸対になっている遺伝子が，減数分裂によって別々の生殖細胞に入ること。〈佐賀〉

❸分離の法則

□ ❹顕性形質をもつ純系のエンドウ（遺伝子AA）と潜性形質をもつ純系のエンドウ（遺伝子aa）をかけ合わせてできた子の遺伝子の組み合わせを答えよ。〈神奈川〉

❹Aa

ポイント ある１つの形質について同時に現れない２つの形質を対立形質という。

よくでる

□ ❺エンドウの丸い種子をつくる（顕性）遺伝子をA，しわのある種子をつくる（潜性）遺伝子をaで表す。Aaの親どうしから生まれる丸い種子になる子の遺伝子の組み合わせはどう書けるか。２つ答えよ。〈愛媛〉

❺AA，Aa

ポイント Aaの親の生殖細胞に含まれる遺伝子はAかaなので，Aとaをかけ合わせたうちのAAとAaが顕性形質を示す子の遺伝子の組み合わせとなる。

	A	a
A	AA	Aa
a	Aa	aa

よくでる

□ ❻ ❺で，Aaの両親から生まれる子の遺伝子の組み合わせの個体数の比はおよそAA：Aa：aa＝［　　］である。〈岐阜〉

❻1：2：1

ポイント 上の表から比がわかる。

でる度 ★★★

生物の変遷と進化

□ ❶生物が長い年月をかけて，代を重ねる間に変化すること。〈富山〉

❶進化

よくでる

□ ❷下の**図1**のように，骨格のつくりがよく似ている，同じ形とはたらきをもつ器官が変化してできたと考えられる器官の名称。〈宮崎〉

❷相同器官

図1

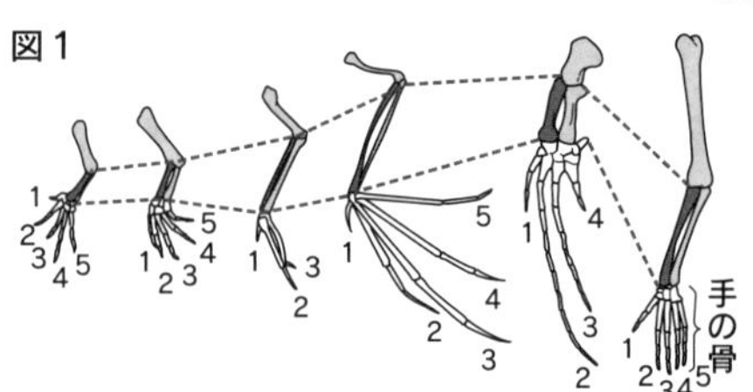

□ ❸ヒトのうでとペンギンの［　　］は相同器官である。〈愛媛〉

❸つばさ

□ ❹両生類は［　　］類の動物が進化したものである。〈山梨〉

❹魚

よくでる

□ ❺シソチョウはからだのつくりから，［　　］類と鳥類の中間の生物と考えられている。〈佐賀〉

❺ハチュウ

□ ❻セキツイ動物のなかまは，［　　］類から鳥類へと進化したと考えられている。〈山梨〉

❻ハチュウ

自然界のつながり

□ ❶ある地域に生息するすべての生物と生物以外の環境(かんきょう)を１つのまとまりとしてとらえたもの。〈福島〉

❶生態系(せいたいけい)

よくでる

□ ❷生態系内の，「食べる・食べられる」という関係による生物間のつながりのこと。〈茨城〉

❷食物連鎖(しょくもつれんさ)

□ ❸生物の食べる・食べられるの関係は，何種類もの生物どうしが複雑な網の目のようにつながり合っている。この関係の名称。〈沖縄〉

❸食物網(しょくもつもう)

□ ❹下の**図１**は，生物の数量的な関係を生態系の段階別に示したものである。**ア**は二次［　A　］，**イ**は一次［　A　］，**ウ**は［　B　］と呼ばれる。〈神奈川〉

図１

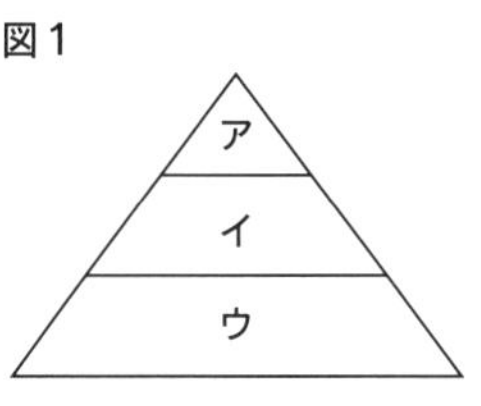

❹A：消費者(しょうひしゃ)
　B：生産者(せいさんしゃ)

よくでる

□ ❺**図１**で**イ**の数が増えると，**ア**の数は増えるか，それとも減るか。〈北海道〉

❺増える

よくでる

□ ❻**図１**で**イ**の数が増えると，**ウ**の数は増えるか，それとも減るか。〈北海道〉

❻減る

ポイント ウを食べるイの数が増える。

よくでる

□ ⑦光合成により，無機物から有機物をつくる植物は［　　］と呼ばれている。〈茨城〉

⑦生産者

□ ⑧ウサギやキツネなどの動物は，生産者である植物がつくった有機物を直接的，間接的に食べることから［　　］と呼ばれる。〈群馬〉

⑧消費者

□ ⑨生物のふんや死がいなどに含まれる有機物を無機物にすることで生活する菌類，細菌類や土の中の小動物のこと。〈茨城〉

⑨分解者

□ ⑩次の**ア**～**ウ**のうち菌類はどれか。〈栃木〉
ア　アオカビ　**イ**　大腸菌　**ウ**　乳酸菌

⑩ア
ポイント イ，ウは細菌類である。

□ ⑪下の**図2**は，自然界の炭素を含む物質の循環について模式的に表したものである。Xの炭素を含む物質の移動は，生産者のどのようなはたらきによるものか。〈徳島〉

図2

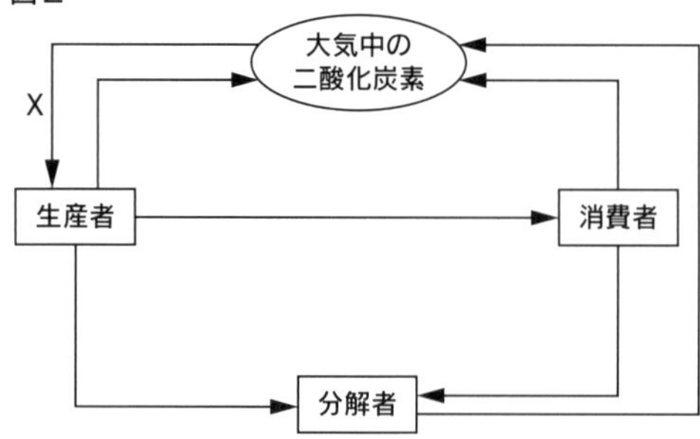

⑪光合成

新傾向

□ ⑫ある地域に本来いなかった生物がほかの地域からもちこまれ，そこに定着したもの。〈茨城〉

⑫外来種〔外来生物〕

地学編

でる度 ★★★

マグマと火山

□ ❶火山の地下にある，岩石が液状にとけた高温の物質の名称。〈鹿児島〉

❶マグマ

□ ❷火山の噴火(ふんか)によって，火口からふき出される火山ガスや溶岩(ようがん)のことを［　A　］という。火山ガス・溶岩以外の［　A　］には［　B　］がある。〈鹿児島〉

❷A：火山噴出物(かざんふんしゅつぶつ)
B：(例)火山灰(かざんばい)，火山弾(かざんだん)，軽石(かるいし)

□ ❸火山ガスの大部分を占める成分。〈大分〉

❸水蒸気

□ ❹ねばりけが［　A　］マグマをふき出す火山ほど，火山噴出物の色は白っぽく，［　B　］噴火(ふんか)になることが多い。〈宮崎〉

❹A：大きい〔強い〕
B：激(はげ)しい

□ ❺下の**図1**のような，盛り上がった形の火山は，マグマのねばりけが［　　］。〈埼玉〉

図1

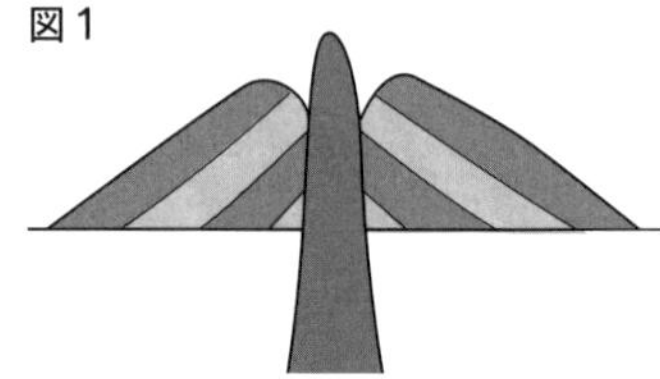

❺大きい〔強い〕

□ ❻下の**図2**のような，盾(たて)をふせたような形の火山のマグマのねばりけは［　　］。〈埼玉〉

図2

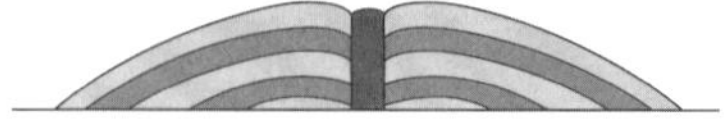

❻小さい〔弱い〕

でる度 ★★★

鉱物

よくでる

□ ❶白っぽい火成岩は［　A　］やチョウ石のような［　B　］鉱物を多く含む。〈佐賀〉

❶A：セキエイ
B：無色
ポイント 白っぽい火成岩には流紋岩や花こう岩がある。

よくでる

□ ❷黒っぽい火成岩は，含まれる［　　］鉱物の割合が大きい。〈高知〉

❷有色
ポイント 黒っぽい火成岩には玄武岩や斑れい岩がある。

□ ❸無色か白色で，不規則に割れる鉱物の名称。〈山梨〉

❸セキエイ

□ ❹柱状で決まった方向に割れる白色の鉱物の名称。〈大阪〉

❹チョウ石

□ ❺長い柱状で黒っぽい色の鉱物の名称。〈高知〉

❺カクセン石

□ ❻板状でうすくはがれやすい黒い鉱物の名称。〈茨城〉

❻クロウンモ

□ ❼緑褐色でガラス状の小さい鉱物の名称。〈長崎〉

❼カンラン石

□ ❽暗褐色で短い柱状の鉱物の名称。〈長崎〉

❽キ石

□ ❾鉱物のような，規則正しい形をした固体の物質の名称。〈愛媛〉

❾結晶

火成岩

□ ❶マグマが冷えて固まってできた岩石の名称。〈山梨〉

❶火成岩（かせいがん）

□ ❷マグマが地表付近で急に冷えて固まった岩石の名称。〈北海道〉

❷火山岩（かざんがん）

よくでる

□ ❸マグマが地下の深いところで長い時間をかけてゆっくりと冷えて固まった岩石の名称。〈岐阜〉

❸深成岩（しんせいがん）

□ ❹下の**図1**のように，小さな粒（つぶ）の中にやや大きめの結晶（けっしょう）が散らばっている岩石のつくりの名称。〈栃木〉

❹斑状組織（はんじょうそしき）

図1

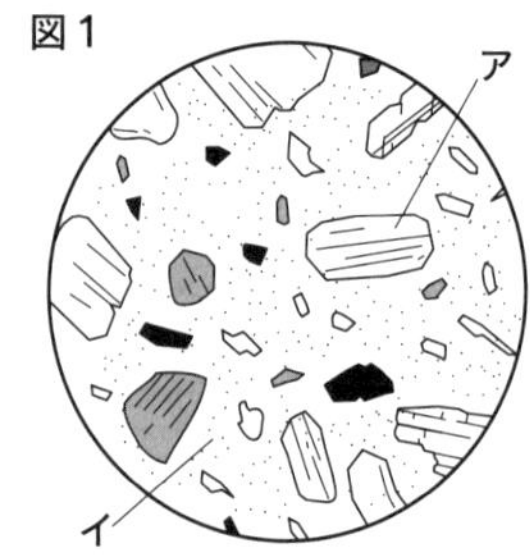

よくでる

□ ❺比較的大きな鉱物（こうぶつ）でできた，**図1**の**ア**の部分の名称。〈兵庫〉

❺斑晶（はんしょう）

よくでる

□ ❻小さな粒などでできた，**図1**の**イ**の部分の名称。〈岐阜〉

❻石基（せっき）

□ ❼流紋岩（りゅうもんがん）などの［　A　］岩のつくりは［　B　］組織である。

❼A：火山
B：斑状

よくでる

□ ❽下の**図2**のような，肉眼で見えるほど大きな鉱物の結晶でできている岩石のつくりの名称。〈兵庫〉

図2

❽等粒状組織（とうりゅうじょうそしき）

□ ❾花（か）こう岩（がん）は［　A　］岩の一種である。［　A　］岩のつくりは［　B　］組織である。〈香川〉

❾A：深成
B：等粒状

□ ❿次の**ア**～**エ**のうち火山岩はどれか。〈兵庫〉

ア　花こう岩　　**イ**　玄武岩（げんぶがん）
ウ　せん緑岩（りょくがん）　　**エ**　斑（はん）れい岩（がん）

❿イ
ポイント▶ ア，ウ，エは深成岩。

□ ⓫安山岩（あんざんがん）は次の**ア**～**ウ**のうち，どの岩石に分類できるか。〈岐阜〉

ア　深成岩　**イ**　火山岩　**ウ**　堆積岩（たいせきがん）

⓫イ
ポイント▶ 火山岩に分類される岩石は，他に流紋岩，玄武岩がある。

□ ⓬火山岩のうち，有色鉱物の割合が最も大きいのは［　　］である。

⓬玄武岩

□ ⓭深成岩のうち，無色鉱物の割合が最も大きいのは［　　］である。

⓭花こう岩

でる度 ★★★

地震のゆれ

□ ❶地震が最初に発生した地下の場所。

❶震源（しんげん）

□ ❷震源の真上の地表の点。〈鹿児島〉

❷震央（しんおう）

よくでる

□ ❸下の**図1**は，ある地震のゆれを地震計で記録したものである。**図1**のゆれ**ア**を［　A　］，ゆれ**イ**を［　B　］という。〈岐阜〉

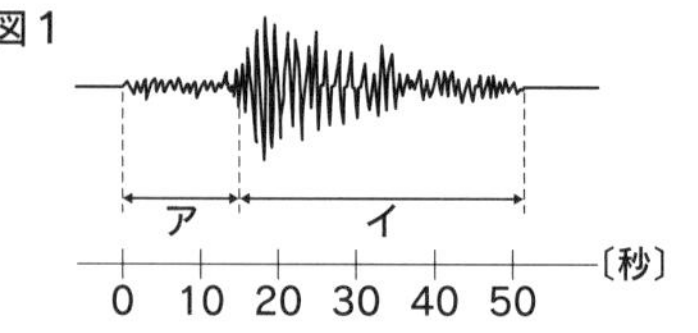

❸A：初期微動（しょきびどう）
B：主要動（しゅようどう）

□ ❹初期微動を伝える，伝わる速さの速い波の名称。〈香川〉

❹P波

ポイント 主要動を伝える，伝わる速さの遅（おそ）い波をS波という。

よくでる

□ ❺震度（しんど）は，地震によるある地点のゆれの程度を表していて，日本では［　　］段階に分かれている。〈佐賀〉

❺10

ポイント 0～7に分かれ，震度5と6がさらに強・弱に分かれるので10段階。

よくでる

□ ❻地震の規模を数値で表したもの。〈栃木〉

❻マグニチュード〔M〕

よくでる

□ ❼P波が到着（とうちゃく）してからS波が到着するまでの時間のこと。〈福島〉

❼初期微動継続時間（しょきびどうけいぞくじかん）

ポイント 初期微動継続時間の長さは，ふつう震源からの距離（きょり）に比例する。

□ ❽下の**図2**は，ある地震の観測地点**A**における地震計のゆれを記録したものである。初期微動継続時間はおよそ［　　］秒である。〈兵庫〉

図2

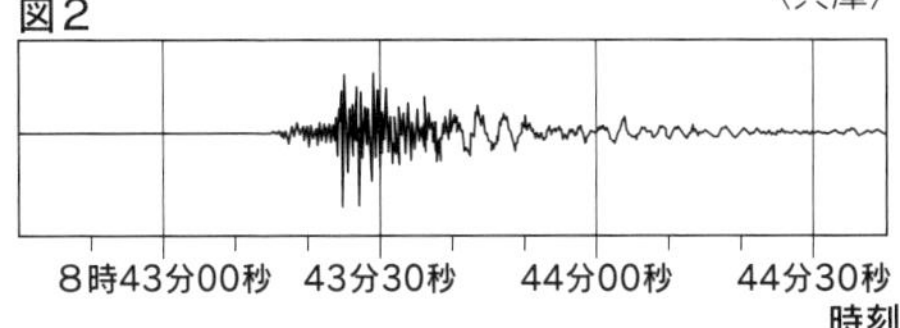

❽ 10

ポイント 初期微動は8時43分15秒頃から8時43分25秒頃まで続いている。

よくでる

□ ❾下の**図3**は，**図2**の地震の地震発生からP波とS波が届くまでの時間と震源からの距離との関係を表したものである。震源から観測地点**A**までの距離は［　　］kmである。〈兵庫〉

図3

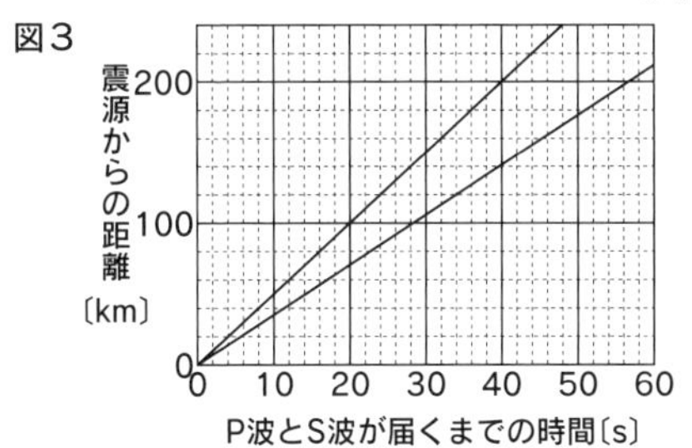

❾ 120

ポイント 図3の傾き(かたむ)きの大きな直線はP波，傾きの小さな直線はS波を表している。
❽のようにP波とS波の到着時刻に10秒の差があるのは，震源から120kmのところである。

□ ❿日本海溝(かいこう)は，［　A　］プレートが［　B　］プレートの下に沈みこんでできた。〈佐賀〉

❿ **A：海洋〔海の〕**
B：大陸〔陸の〕

□ ⓫プレートの境界で起こる地震の震源の深さは，太平洋側から日本海側にいくに従って［　　］なっている。〈愛知〉

⓫ **深く**

新傾向

□ ⓬くり返しずれて活動したあとが残っていて，今後もずれ動く可能性がある断層(だんそう)を［　　］という。〈岐阜〉

⓬ **活断層(かつだんそう)**

でる度 ★★★

地層と堆積岩

よくでる

□ ❶岩石が気温の変化や風雨などのはたらきによってもろくなること。〈岩手〉

❶風化(ふうか)

□ ❷もろくなった岩石が流水のはたらきでけずりとられること。〈佐賀〉

❷侵食(しんしょく)

□ ❸侵食された土砂が水のはたらきで下流に運ばれること。

❸運搬(うんぱん)

□ ❹水のはたらきによって運搬された土砂が，水の流れがゆるやかになったところに積もること。

❹堆積(たいせき)

□ ❺上下に重なった地層(ちそう)では，ふつう上の地層の方が下の地層よりも［　　］。

❺新しい

□ ❻右の図1のように地層の重なり方を表した図の名称。〈埼玉〉

図1

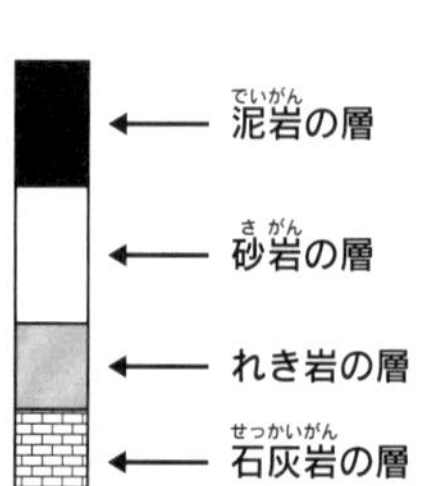

❻柱状図(ちゅうじょうず)

よくでる

□ ❼図1から，この地層が堆積した期間の環境の変化がわかる。この地層が堆積した期間に海水面が［　A　］ため，この地層の地点の位置は海岸から［　B　］なった。〈新潟〉

❼A：上がった
B：遠く

ポイント 粒(つぶ)の大きさが小さい泥(どろ)の方が，れきよりも海岸から遠い場所に堆積しやすい。

□ ❽右の**図2**の柱状図から，地層が堆積する間に火山の噴火が［　　］回起こったことがわかる。〈埼玉〉

図2

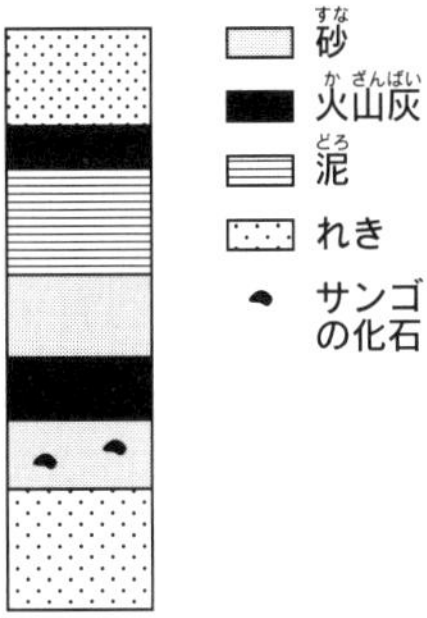

❽2

ポイント 火山灰でできた地層が2つあるので，火山の噴火は2回起こったと考えられる。

よくでる

□ ❾れき岩の層に含まれるれきの多くは丸みを帯びていた。これは，れきが［　　］のはたらきによって運ばれる間に角がとれたからである。〈滋賀〉

❾水〔流水〕

よくでる

□ ❿れき岩，砂岩，泥岩は，含まれる粒の［　　］をもとに区別される。〈埼玉〉

❿大きさ

ポイント 粒の大きさが大きいものから，れき，砂，泥の順である。

□ ⓫泥岩，砂岩，れき岩，凝灰岩のうち，かつて火山の噴火があったことを示している岩石はどれか。〈栃木〉

⓫凝灰岩

よくでる

□ ⓬生物の死がいなどがもとになってできていて，うすい塩酸をかけると泡を出してとける岩石の名称。〈神奈川〉

⓬石灰岩

ポイント 泡の正体は二酸化炭素である。

よくでる

□ ⓭生物の死がいなどがもとになってできていて，うすい塩酸をかけても気体が発生しない岩石の名称。〈鹿児島〉

⓭チャート

ポイント 石灰岩とチャートはうすい塩酸をかけたときとけるかとけないかで区別する。

よくでる

□ ⑭地層(ちそう)が堆積(たいせき)した当時の環境を知ることができる化石の名称。〈茨城〉

⑭示相化石(しそうかせき)

よくでる

□ ⑮サンゴの化石を含む地層は，浅くて［　　］海のもとで堆積したと考えられる。〈新潟〉

⑮あたたかい

□ ⑯ある地層でアサリの化石を発見した。このことから，この地層は［　　］海でできたと考えられる。〈大分〉

⑯浅い

□ ⑰地層がどの年代に堆積したかを知ることができる化石の名称。〈福井〉

⑰示準化石(しじゅんかせき)

よくでる

□ ⑱新生代(しんせいだい)の代表的な示準化石は次の**ア**～**エ**のどれか。〈栃木〉

ア　アンモナイト　**イ**　フズリナ
ウ　ビカリア　**エ**　サンヨウチュウ

⑱ウ

ポイント アンモナイトは中生代(ちゅうせいだい)，フズリナとサンヨウチュウは古生代(こせいだい)の示準化石である。

□ ⑲アンモナイトが最も栄えていた地質年代(ちしつねんだい)に栄えていた生物は，次の**ア**～**エ**のどれか。〈福島〉

ア　ナウマンゾウ　**イ**　サンヨウチュウ
ウ　ティラノサウルス　**エ**　フズリナ

⑲ウ

ポイント アンモナイトとティラノサウルスは中生代に栄えた生物である。

□ ⑳示準化石となる生物が生活していた範囲(はんい)は［　A　］，生存(せいぞん)していた期間は［　B　］。〈愛知〉

⑳A：広く
B：短い

よくでる

□ ㉑離(はな)れた地点の地層を比較する手がかりになる層を［　　］という。〈長崎〉

㉑かぎ層〔鍵層〕

□ ㉒地層に大きな力がはたらいたときにできる，下の**図3**のような地層のずれの名称。

〈新潟〉

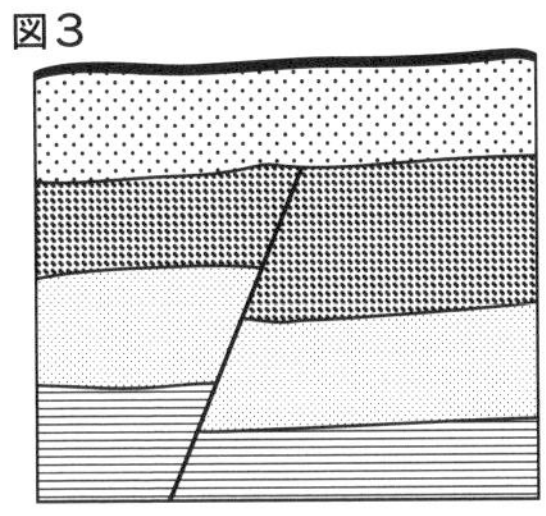

㉒断層（だんそう）

□ ㉓下の**図4**のような地層の曲がりの名称。

〈香川〉

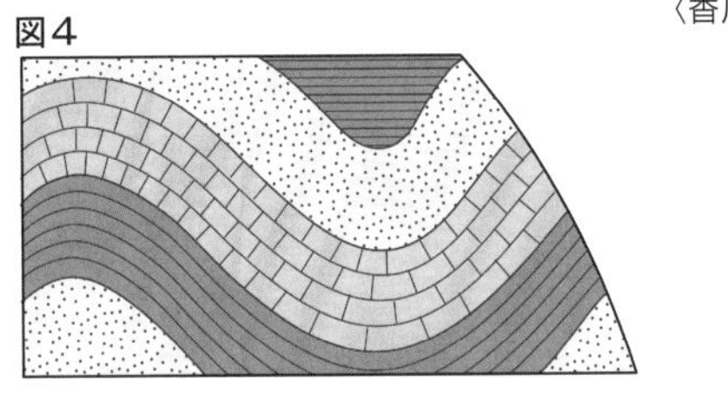

㉓しゅう曲

新傾向

□ ㉔下の**図5**はあるがけのようすで，**図6**はがけから少し離れた場所の柱状図である。次の**ア**～**ウ**のできごとを古いものから順に並べよ。

〈滋賀〉

ア　図5の断層で地層がずれた。

イ　図6の貝の化石を含む層が堆積した。

ウ　火山の噴火（ふんか）が起こった。

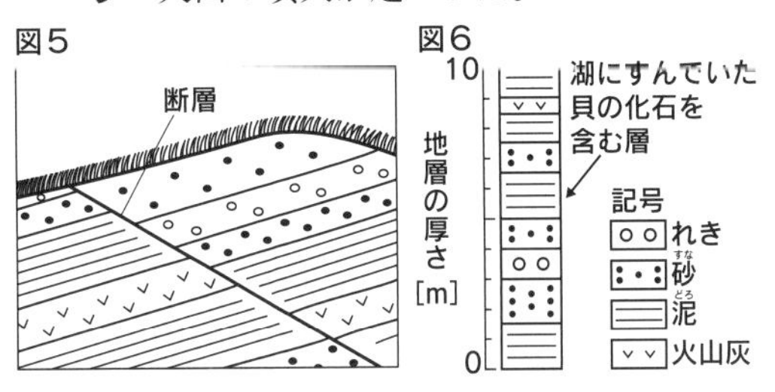

㉔イ→ウ→ア

ポイント 図6より，火山灰の層は貝の化石を含む層よりも上にあるので，火山の噴火は貝の化石を含む層ができた後に起こった。図5の断層では，火山灰の層もずれているので，断層は火山の噴火よりも後にできた。

地学編　でる度 ★★★

気象の観測

□ ❶下の図は天気記号(てんききごう)である。あてはまる天気をそれぞれ答えよ。

［ 快晴 ］　［ 晴れ ］　［くもり］

［ 雨 ］　［ 雪 ］

□ ❷空を観察したところ，降雪も降雨もなく，空全体の7割が雲でおおわれていた。このときの天気は［　　］である。〈新潟〉

❷晴れ

ポイント 雲量(うんりょう)が0〜1のときは快晴，2〜8のときは晴れ，9〜10のときはくもりである。

□ ❸下の図1のような，天気，風向，風力を表す記号の名称。

❸天気図記号(てんきずきごう)

図1

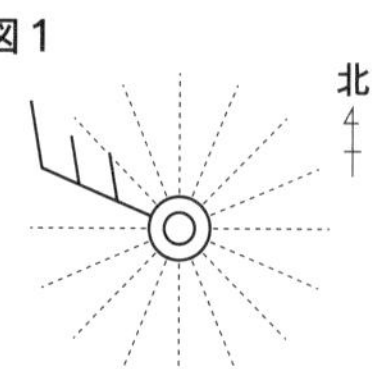

よくでる

□ ❹図1の天気図記号は，風向が［　A　］，風力が［　B　］，天気が［　C　］であることを表している。〈岩手〉

❹A：西北西

B：3

C：くもり

ポイント 矢ばねの向きで風向を，矢ばねの数で風力を表す。

□ ❺右の**図2**のPで示した地点を通る等圧線(とうあつせん)の気圧(きあつ)の値は［　　］hPaである。

図2

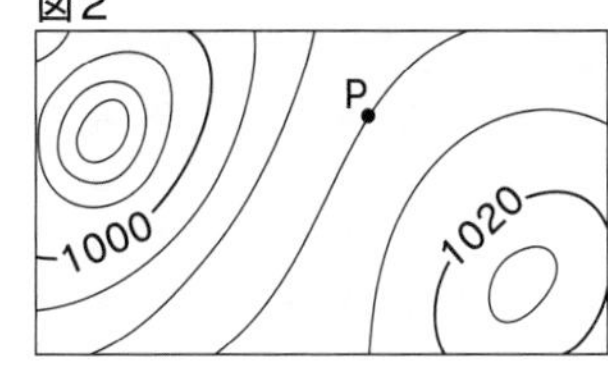

❺1012

ポイント 等圧線は4hPaごとに引かれている。1020hPaの等圧線より2本分気圧が低い等圧線上に点Pがあるので，1020−4×2=1012〔hPa〕

よくでる

□ ❻乾球(かんきゅう)の示度(しど)を読みとると14℃，湿球(しつきゅう)の示度を読みとると12℃であった。このときの湿(しつ)度(ど)は，下の**表1**から［　　］%である。〈愛媛〉

表1

乾球の示度〔℃〕	乾球と湿球の示度の差〔℃〕						
	0.0	0.5	1.0	1.5	2.0	2.5	3.0
16	100	95	89	84	79	74	69
15	100	94	89	84	78	73	68
14	100	94	89	83	78	72	67
13	100	94	88	82	77	71	66
12	100	94	88	82	76	70	65
11	100	94	87	81	75	69	63
10	100	93	87	80	74	68	62

❻78

ポイント 乾球と湿球の示度の差は14−12=2〔℃〕

□ ❼乾球と湿球の示度がそれぞれ19℃と15℃のとき，気温は［　　］℃である。〈千葉〉

❼19

ポイント 気温は乾球の示度である。

□ ❽気温を測定するときは，風通しのよい地上［ A ］mの高さのところで，温度計に直射日光が［ B ］ようにする。〈福島〉

❽A：1.5
B：当たらない

□ ❾天気が雨やくもりのとき，気温と湿度の変化は1日を通じて［　　］。

❾小さい

でる度 ★★★

水蒸気と雲の発生

□ ❶空気1m³中に含むことのできる最大の水蒸気の質量のこと。

❶飽和水蒸気量

□ ❷下の式は湿度を求める式である。[　　] にあてはまることばを答えよ。

湿度〔%〕=

$$\frac{空気1\,m^3中の水蒸気量〔g/m^3〕}{その気温での [\quad]〔g/m^3〕} \times 100$$

❷飽和水蒸気量

□ ❸空気中に含まれる水蒸気量が変わらないとき，気温が高くなると，飽和水蒸気量が [　A　] なり，湿度は [　B　]。〈山梨〉

❸A：大きく
B：低くなる〔下がる〕

よくでる

□ ❹室温が22℃の部屋で，右の**図1**のように金属製の容器に入れた水を冷やすと，水温が14℃のときに表面に水滴がつき始めた。このときの温度の名称。〈長崎〉

❹露点

よくでる

□ ❺ ❹のとき，部屋の湿度は下の**ア**～**ウ**のうちどれか。**表1**を参考にして答えよ。〈長崎〉

ア 7.3%　　**イ** 37.6%　　**ウ** 62.4%

表1

気温〔℃〕	10	12	14	16	18	20	22	24
飽和水蒸気量〔g/m³〕	9.4	10.7	12.1	13.6	15.4	17.3	19.4	21.8

❺ウ

ポイント 露点は14℃なので，室内の水蒸気量は14℃での飽和水蒸気量である。湿度は，

$$\frac{12.1〔g/m^3〕}{19.4〔g/m^3〕} \times 100$$

=62.37…

□ ❻右の**図2**のような実験装置で，フラスコの中を少量のぬるま湯でぬらした後，線香のけむりを入れて栓(せん)をした。注射器のピストンをすばやく引くと，フラスコ内が［　　］。

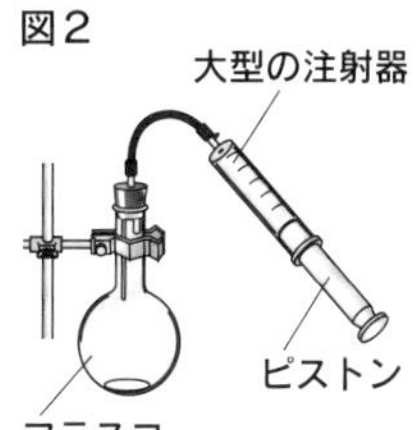

❻白くくもった

ポイント 空気が膨張(ぼうちょう)すると，フラスコの中の空気の温度が下がり，露点に達して，空気中の水蒸気が水滴になる。

よくでる

□ ❼雲ができるようすを模式的に表したものとして，最も適当なものを下の図の**ア〜ウ**から選べ。ただし，図中の∘は水蒸気，・は水滴，✡は氷の結晶を表している。〈岩手〉

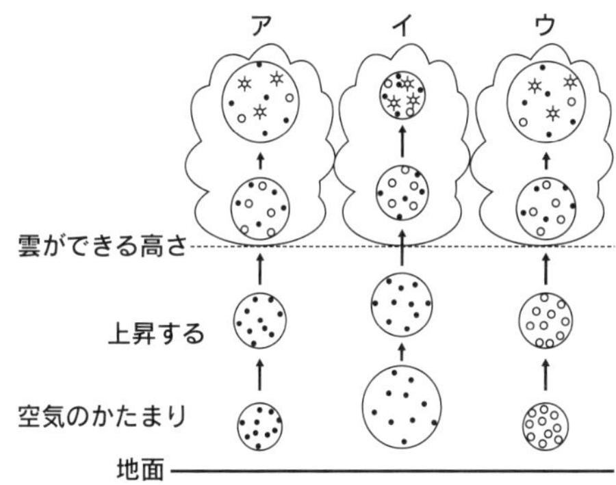

❼ウ

ポイント 空気のかたまりが上昇すると，まわりの気圧(きあつ)が低くなるため，膨張して温度が下がる。温度が下がると水蒸気が水滴や氷になる。

□ ❽寒冷前線(かんれいぜんせん)付近では，寒気が暖気(だんき)の下にもぐりこむことで空気は上昇し，しだいに膨張して温度が下がり，［　　］に達するので雲ができやすい。〈鹿児島〉

❽露点

ポイント 空気の温度が下がり，露点に達したところで雲ができる。

□ ❾温暖前線(おんだんぜんせん)付近では，暖気が［　　］の上をゆるやかに上昇(じょうしょう)していくので，広い範囲にわたって雲ができる。〈静岡〉

❾寒気

ポイント 暖気が寒気に冷やされて，雲ができる。

物理編
化学編
生物編
地学編
資料編

でる度 ★★★

大気による圧力

□ ❶圧力の大きさの単位「Pa」の読み方。〈和歌山〉

❶パスカル

□ ❷片足で立っているときに，太郎さんが床に加える力の大きさは，両足で立っているときと比べて［　　］。〈長崎〉

❷変わらない

□ ❸片足で立っているときに，太郎さんが床に加える圧力の大きさは，両足で立っているときと比べて［　　］なる。〈長崎〉

❸大きく

□ ❹右の**図1**のような質量2.4kgの直方体の物体がある。この物体が床を押(お)す力は何Nか。ただし，100gの物体にはたらく重力の大きさを1Nとする。〈茨城〉

図1

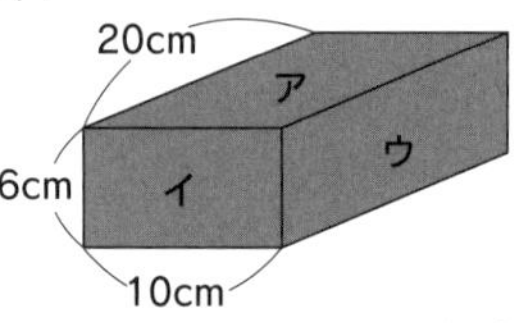

❹24N

ポイント 2.4kg＝2400gより，物体にはたらく重力の大きさは2400÷100＝24〔N〕
物体が床を押す力の大きさ＝物体にはたらく重力の大きさ　である。

よくでる

□ ❺**図1**の物体を**ア**の面を下にして置いたとき，床が物体によって受ける圧力はいくらか。〈静岡〉

❺1200Pa

公式
圧力〔Pa〕
＝力の大きさ〔N〕÷面積〔m^2〕

ポイント
面積：20〔cm〕×10〔cm〕
＝200〔cm^2〕＝0.02〔m^2〕

□ ❻**図1**で，最も大きな圧力を床に加えるにはどの面を下にすればよいか。〈京都〉

❻イ

ポイント 面積が小さいほど，圧力は大きくなる。

□ ❼質量20kgの物体を水平な机の上に置いたとき，机と接している部分の面積は$0.002m^2$であった。机が物体から受ける圧力の大きさは何Paか。ただし，100gの物体にはたらく重力の大きさを1Nとする。〈和歌山〉

❼ 100000Pa
ポイント 机を押す力の大きさは200Nより，圧力の大きさは，
200〔N〕÷0.002〔m^2〕
＝100000〔Pa〕

□ ❽ 1辺5.0cmの立方体を水平な床の上に置いた。立方体が床に加える圧力が800Paのとき，立方体の質量は何gか。ただし，100gの物体にはたらく重力の大きさを1Nとする。〈兵庫〉

❽ 200g
ポイント 立方体の底面積は
5.0×5.0＝25〔cm^2〕
＝0.0025〔m^2〕より，
立方体が床を押す力の大きさは，
800〔Pa〕×0.0025〔m^2〕
＝2〔N〕

□ ❾空気にはたらく重力によって生じる圧力のこと。〈秋田〉

❾大気圧（たいきあつ）〔気圧（きあつ）〕
ポイント 気圧は標高が高いほど小さくなる。

□ ❿気圧の大きさは「hPa」という単位で表される。この単位の読み方。〈和歌山〉

❿ヘクトパスカル

□ ⓫ 1気圧は約［　　］hPaである。

⓫ 1013

□ ⓬ 1 hPa＝［　　］Pa

⓬ 100

□ ⓭大気圧は，［　A　］向きから物体の表面に［　B　］にはたらいている。

⓭ A：あらゆる
B：垂直

□ ⓮気圧は，空気にはたらく重力によって生じているので，標高が高くなるほど気圧は［　　］なる傾向がある。〈佐賀〉

⓮小さく〔低く〕

物理編 化学編 生物編 地学編 資料編

でる度 ★★★

気圧と風

□ ❶風は［　A　］気圧から［　B　］気圧に向かってふく。〈三重〉

❶A：高
B：低

□ ❷等圧線の間隔がせまいところほど，風の強さは［　　］。〈山口〉

❷強い

□ ❸日本付近での，高気圧の地表付近での大気の流れのようすを模式的に表したものは，下の**ア**，**イ**のうちどちらか。〈鹿児島〉

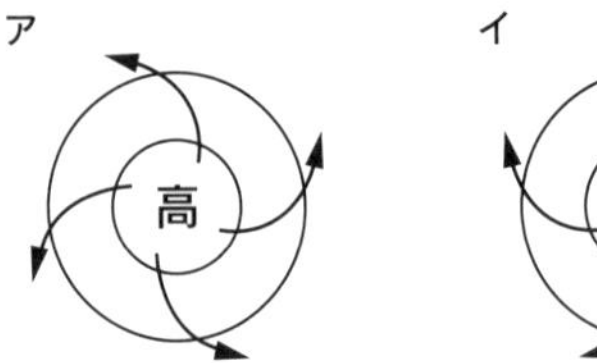

❸イ

ポイント 高気圧の地表付近では時計回りに風がふき出している。

□ ❹高気圧の中心付近では［　A　］気流となり，雲ができ［　B　］。〈大阪〉

❹A：下降
B：にくい

□ ❺日本付近での，低気圧の地表付近での大気の流れのようすを模式的に表したものは，下の**ア**，**イ**のうちどちらか。〈鹿児島〉

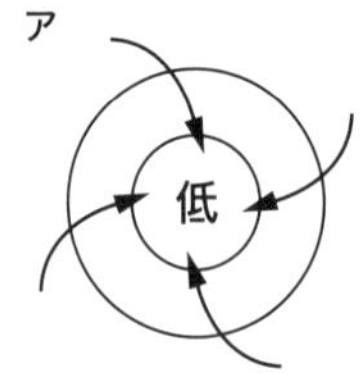

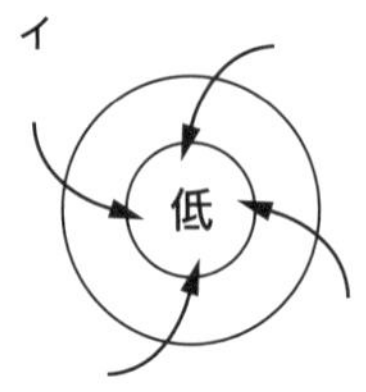

❺イ

ポイント 低気圧の地表付近では低気圧の中心に向かって反時計回りに風がふきこむ。

□ ❻低気圧の中心付近では，［　A　］気流が発生し，雲ができやすい。これは，上空の気圧が低いため，空気が膨張して温度が下がり，［　B　］に達するからである。〈愛知〉

❻A：上昇（じょうしょう）
B：露点（ろてん）

□ ❼中緯度帯で発生し，前線をともなう低気圧。〈福島〉

❼温帯低気圧

□ ❽日本付近の上空を通過する，前線をともなう低気圧のようすを模式的に表したものは，次の**ア**，**イ**のうちどちらか。〈東京〉

ア

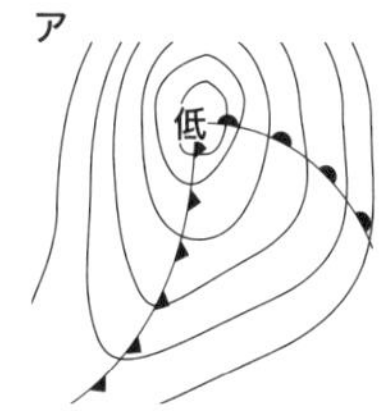

イ

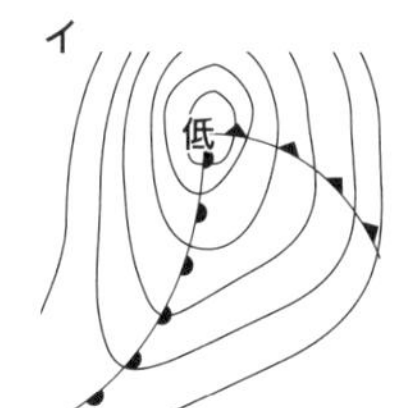

❽ア

ポイント 日本付近を通過する温帯低気圧では，西側に寒冷前線（かんれいぜんせん）ができ，東側に温暖前線（おんだんぜんせん）ができる。

□ ❾水には岩石と比べてあたたまり［　A　］，冷え［　B　］性質がある。〈福島〉

❾A：にくく
B：にくい

よくでる

□ ❿晴れた日の昼間は，海上よりも陸上の方が気温は高くなる。その結果，［　A　］上の気圧が［　B　］上よりも低くなり，海から陸に向かって海風（うみかぜ）がふく。〈静岡〉

❿A：陸
B：海

よくでる

□ ⓫晴れた日の夜は，陸上よりも海上の方が気温が高くなるので，［　A　］上から［　B　］上に向かって陸風（りくかぜ）がふく。〈静岡〉

⓫A：陸
B：海

ポイント ❿と逆のことが起こる。

物理編　化学編　生物編　地学編　資料編

でる度 ★★★

前線と天気

□ ❶右の**図1**は，ある日の天気図を表している。**ア**の前線を［　　］前線という。〈大阪〉

図1

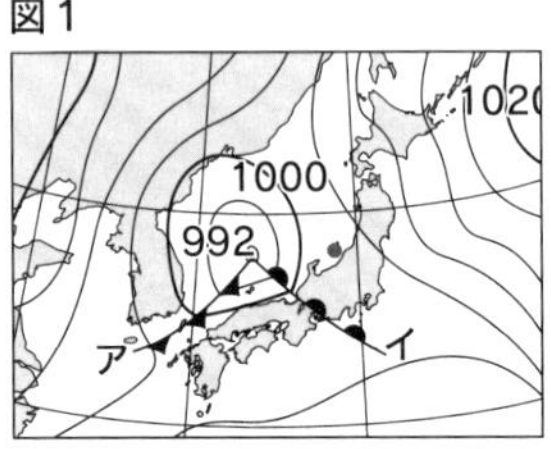

❶寒冷(かんれい)

□ ❷**図1**の**イ**の前線の名称。〈兵庫〉

❷温暖前線(おんだんぜんせん)

□ ❸寒冷前線付近における寒気と暖気(だんき)の動きを模式的に表した図は，下の**ア**～**エ**のうちどれか。〈香川〉

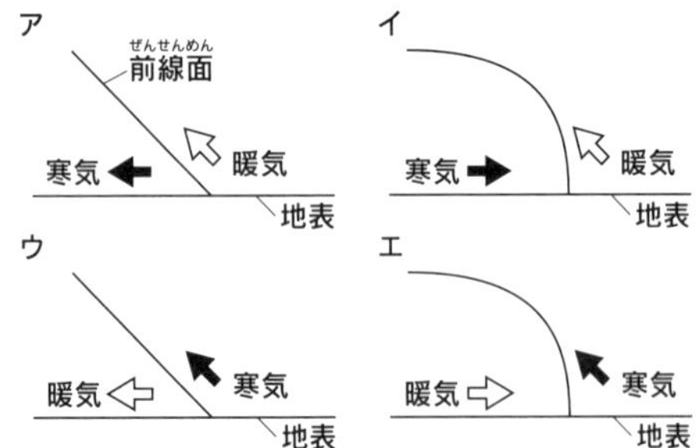

❸イ

ポイント 寒冷前線付近では，寒気が暖気の下に入りこみ，暖気を押(お)し上げながら進んでいく。

よくでる

□ ❹寒冷前線が通過した直後は，通過前と比べて気温が［　　］。〈愛媛〉

❹下がる

□ ❺寒冷前線が通過するとき，短い間に［　　］雨が降(ふ)る。〈神奈川〉

❺強い〔激しい〕

よくでる

□ ❻寒冷前線付近で発達する雲の名称。〈大阪〉

❻積乱雲(せきらんうん)

□ ❼寒冷前線が通過した後，風向は通過前と比べてどうなるか。 〈愛知〉

❼北よりになる

よくでる

□ ❽温暖前線付近の前線面と雲のようすを表した模式図は，下の**ア**～**エ**のうちどれか。 〈茨城〉

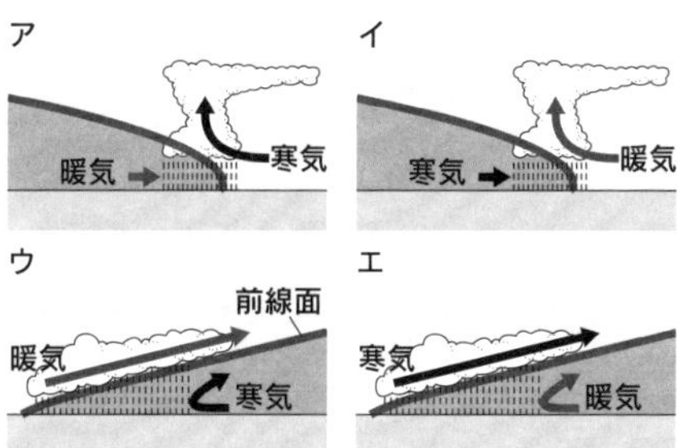

❽ウ

ポイント 温暖前線付近では，暖気が寒気の上にはい上がり，寒気を押しやりながら進んでいく。イは寒冷前線の前線面と雲のようすである。

□ ❾温暖前線が通過するときは，長い時間にわたって［　　］雨が降ることが多い。

❾弱い〔おだやかな〕

□ ❿温暖前線付近で見られる雲は，次の**ア**～**エ**のうちどれか。 〈茨城〉

ア　積雲(せきうん)　　**イ**　積乱雲

ウ　巻雲(けんうん)　　**エ**　乱層雲(らんそううん)

❿エ

□ ⓫梅雨(ばいう)前線や秋雨(あきさめ)前線のように，長時間位置がほぼ同じで変わらない前線の名称。 〈北海道〉

⓫停滞前線(ていたいぜんせん)

ポイント

という記号で表される。

□ ⓬寒冷前線が温暖前線に追いついてできる前線の名称。 〈宮城〉

⓬閉塞前線(へいそくぜんせん)

ポイント 寒冷前線の進む速さは，温暖前線よりも速い。

物理編　化学編　生物編　地学編　資料編

でる度 ★★★

日本の天気

□ ❶右の**図1**の天気図に見られるような，日本の冬型の気圧配置のこと。〈富山〉

図1

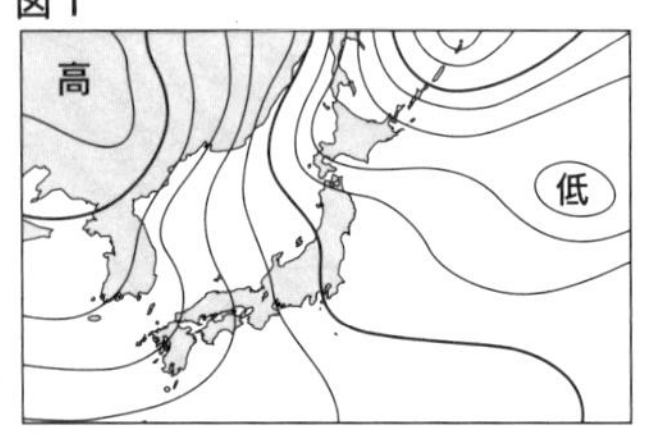

❶**西高東低(せいこうとうてい)**

ポイント 西に高気圧，東に低気圧があるので，西高東低という。

□ ❷冬に強い影響力をもつ［　A　］気団は，［　B　］乾燥(かんそう)した気団である。〈富山〉

❷**A：シベリア**
B：冷たく

□ ❸西高東低の気圧配置になるとき，日本列島にふく季節風(きせつふう)の向きは［　　］である。〈和歌山〉

❸**北西**

ポイント 風は，気圧の高い方から低い方に向かってふく。

□ ❹冬の日本海側では，大陸からの［　A　］が日本海上で水蒸気を含み，日本列島の山脈とぶつかって上昇して［　B　］ができ，雪や雨が降る。

❹**A：季節風**
B：雲

ポイント 太平洋側は晴れることが多い。

□ ❺右の**図2**の天気図に見られるような気圧配置はいつの季節のものか。

図2

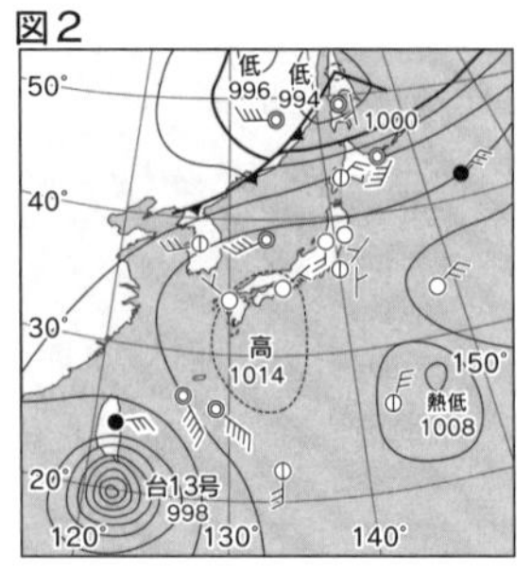

❺**夏**

ポイント 南に高気圧，北に低気圧がある南高北低(なんこうほくてい)の気圧配置は夏によく見られる。

□ ❻夏の日本の天気に影響を与える［　A　］気団は，［　B　］，湿っている。〈長崎〉

❻A：小笠原
B：あたたかく

□ ❼夏の季節風の風向は［　　］である。〈大分〉

❼南東

□ ❽初夏のころ，右の図3のように停滞前線が日本列島付近に停滞し，長雨となる。この時期の名称。

図3

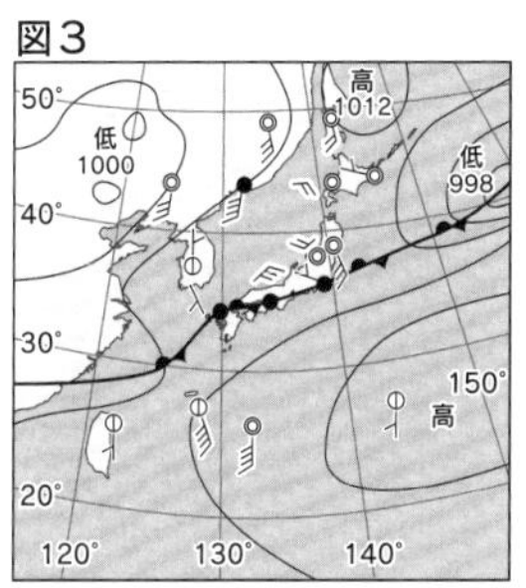

❽梅雨

ポイント この時期の停滞前線は梅雨前線と呼ばれる。

□ ❾梅雨の時期には，勢力がほぼ同じ2つの気団が日本付近でぶつかり合う。この2つの気団は，［　A　］気団と［　B　］気団である。〈宮崎〉

❾A：オホーツク海
B：小笠原
（順不同）

□ ❿オホーツク海気団は［　　］，湿っている。

❿冷たく

よくでる

□ ⓫日本の春と秋は［　　］の影響で，移動性高気圧と低気圧が交互に日本付近を西から東へ移動していき，天気が周期的に変化しやすい。〈大阪〉

⓫偏西風

□ ⓬熱帯低気圧のうち，中心付近の最大風速が毎秒17.2m以上のものの名称。〈千葉〉

⓬台風

□ ⓭台風の進路は［　　］高気圧や偏西風の影響を受ける。〈沖縄〉

⓭太平洋〔小笠原〕

地学編

でる度 ★★★

天体の日周運動

□ ❶右の図1のア～ウの曲線は，太陽の1日の動きを表している。∠AOBは［　　］を表している。〈福井〉

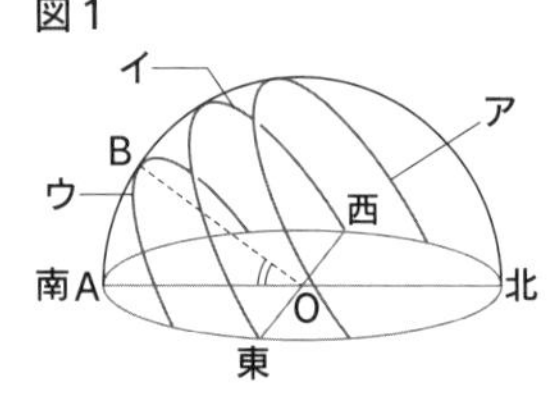

❶(太陽の)南中高度

ポイント 南中高度とは太陽が真南を通過するときの高度である。

□ ❷図1のア～ウのうち，夏至の日の太陽の通り道として最も適当なものはどれか。〈福井〉

❷ア

ポイント イは春分・秋分，ウは冬至である。

よくでる

□ ❸図1のように，太陽が透明半球上を東から西へ向かって動いているように見える見かけの運動のこと。〈山梨〉

❸(太陽の)日周運動

よくでる

□ ❹日周運動が生じる原因は，地球の［　　］である。〈長崎〉

❹自転

よくでる

□ ❺下の図2は，夏至の日の太陽の動きを記録したものである。9時の印から10時の印の間の曲線の長さは4cm，9時の印からX点の間の曲線の長さは16cmだった。この日の日の出の時刻は［　　］時である。〈山梨〉

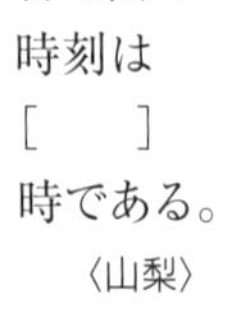

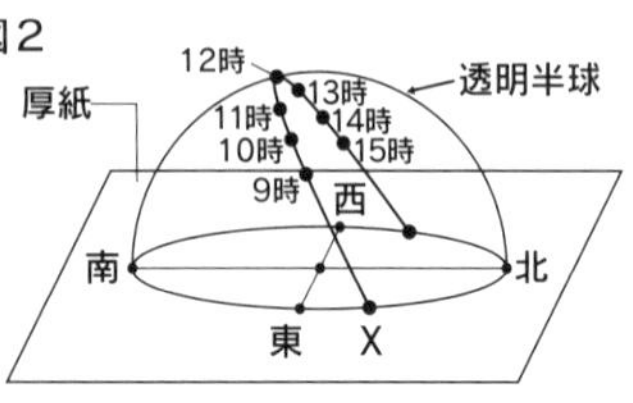

❺5

ポイント 4cmが1時間に相当するので，16cmは16÷4＝4〔時間〕に相当する。

よくでる

□ ❻図２のように，透明半球上に太陽の位置を記録するときは，サインペンの先端の影を厚紙にかいた円の［　　］と一致させる。〈佐賀〉

❻中心

□ ❼ある日，日の出と日の入りの間の，地軸を中心として地球が回転した角度を測ると225°だった。この日の昼の長さは［　　］時間である。〈岩手〉

❼15

ポイント 地球は１時間に地軸を中心にして360°÷24＝15°自転する。
225°÷15°=15〔時間〕

よくでる

□ ❽右の図３は，ある日に真南の位置に見えたオリオン座を観察したスケッチである。オリオン座はこの後，**ア**，**イ**のうちどちらに進むか。〈岐阜〉

図３

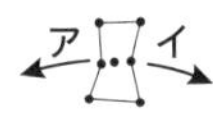

❽イ

ポイント 星は日周運動で東からのぼって南に移動し，西に沈む。

□ ❾図３で真南に見えたオリオン座を２時間後に観察すると，真南から［　A　］の方角に約［　B　］度移動した位置に見えた。

❾A：西
B：30

ポイント 星は１時間に約15度ずつ西へ移動する。

□ ❿右の図４のように，星は北の空では，［　A　］をほぼ中心にして１時間に［　B　］度ずつ［　C　］回りに移動する。〈京都〉

図４

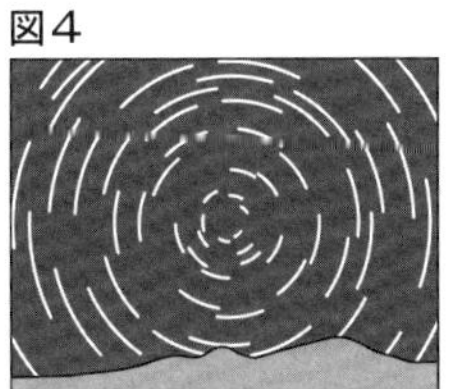

❿A：北極星
B：15
C：反時計

ポイント
360°÷24〔時間〕=15°

物理編
化学編
生物編
地学編
資料編

でる度 ★★★

地球の運動と季節の変化

□ ❶北極星の方向から見ると，地球は1日1回［　A　］しながら太陽のまわりを［　B　］回りに公転している。〈沖縄〉

❶A：自転
B：反時計

□ ❷ある星座をちがう日の同じ時刻に観察すると，星座の見える方向が1日に約［　A　］度ずつ，［　B　］から［　C　］へ動く。〈福島〉

❷A：1
B：東
C：西

□ ❸季節によって，同じ時刻，同じ方角の空に見える星座の種類が異なるのは，地球の［　　］が原因である。〈高知〉

❸公転（こうてん）
ポイント 季節によって見える星座が1年で1回転して変わることを年周運動（ねんしゅううんどう）という。

よくでる
□ ❹地球の公転にともなって，太陽は星座の間を1年かけて動いているように見える。このような太陽の見かけの通り道の名称。〈新潟〉

❹黄道（こうどう）

よくでる
□ ❺下の**図1**は，太陽と地球とオリオン座の位置関係を表した模式図である。明け方にオリオン座が南中（なんちゅう）するのは，地球が**ア**～**エ**のどの位置にあるときか。〈岐阜〉

図1
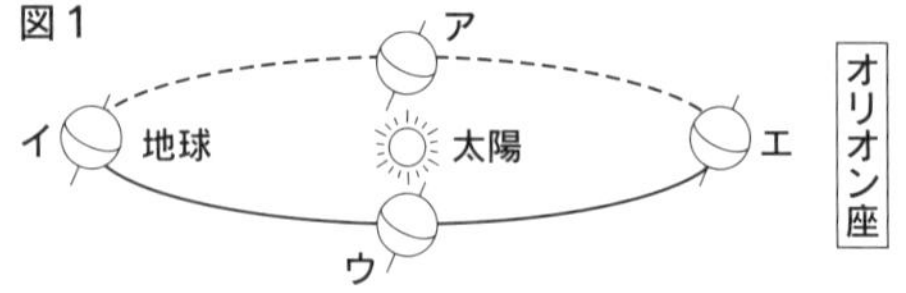

❺ウ
ポイント ウの位置では，明け方は地球の右側であり，そこからはオリオン座が南の方角に見える。

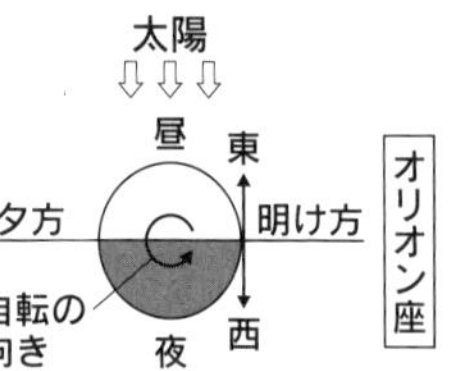

□ ❻北緯x度の地点Pにおける夏至の日の南中高度を，xを使って表せ。〈大分〉

❻113.4 − x
〔90 − x + 23.4〕

□ ❼季節によって昼の長さや南中高度が変化するのは，地球が地軸（ちじく）を［　　］まま公転しているからである。〈富山〉

❼傾（かたむ）けた
ポイント 地軸は公転面に垂直な方向に対して約23.4°傾いている。

□ ❽もし仮に，地球の地軸の傾きが0°であるとすると，年間を通して太陽の南中高度は変化［　　］。〈鹿児島〉

❽しない
ポイント 春分の日や秋分の日と同じ南中高度になる。

□ ❾下の**図2**は関東地方の季節による南中高度の変化を表したものである。夏至（げし）の日の南中高度を表す点は**ア**～**エ**のうちどれか。

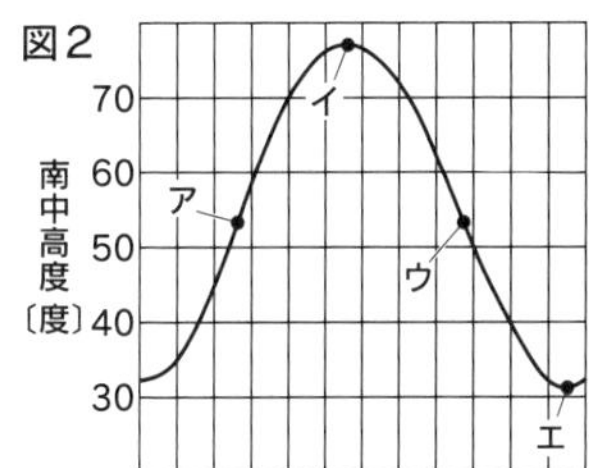

❾イ
ポイント 南中高度は1年で夏至の日が最も大きく，春分の日と秋分の日は同じで，冬至（とうじ）の日が最も小さい。

よくでる
□ ❿下の**図3**は，地球と太陽の位置関係を表した模式図である。9月頃の地球の位置にあたるのは**ア**～**エ**のうちどれか。〈沖縄〉

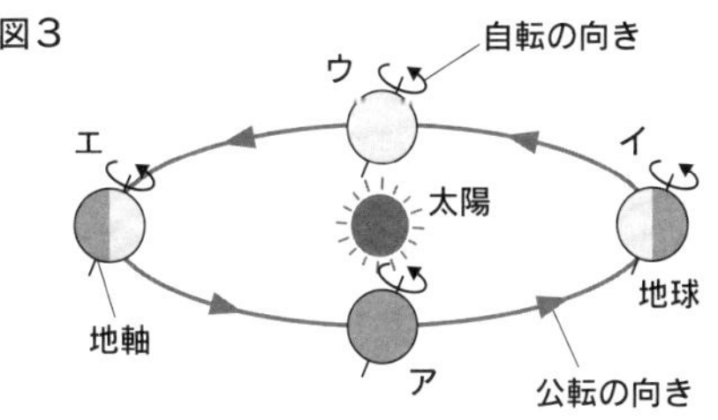

❿ア
ポイント 地軸の北極側が太陽の方に傾いているエが夏，太陽とは逆の方に傾いているイが冬である。

物理編
化学編
生物編
地学編
資料編

太陽のようすと月の運動

よくでる

□ ❶太陽のように，みずから光をはなつ天体のこと。〈新潟〉

❶恒星（こうせい）

□ ❷天体望遠鏡で太陽の表面を観察するときに，接眼レンズを直接のぞいてはいけないのは，［　A　］により，目を［　B　］からである。〈新潟〉

❷A：太陽光
B：痛める

□ ❸黒点（こくてん）が黒く見えるのは，周囲よりも温度が［　　］ためである。〈兵庫〉

❸低い

よくでる

□ ❹下の**図1**は太陽と月，地球の位置を模式的に表している。日食（にっしょく）が起こるときの月の位置は**ア～ク**のうちどれか。〈北海道〉

図1

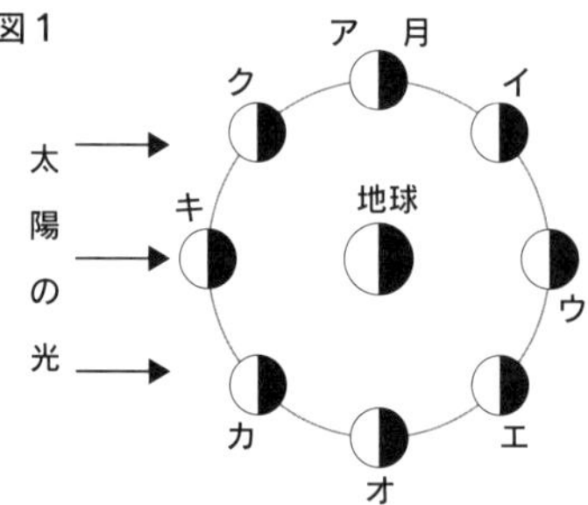

❹キ

ポイント 日食は太陽，月，地球の順に一直線に並んだときに起こる現象である。

□ ❺日食が観測された約半月後に部分月食（げっしょく）が観察された。月食が始まる直前の月の見え方は次の**ア～エ**のうちどれか。〈茨城〉

ア　新月　　**イ**　三日月
ウ　半月　　**エ**　満月

❺エ

ポイント 月食は太陽，地球，月の順に一直線に並んだときに起こる。**図1**ではウの位置に月があるときである。

よくでる

□ ❻月のように，惑星(わくせい)のまわりを公転している天体の名称。〈三重〉

❻衛星(えいせい)

□ ❼月が欠けて見えるのは，太陽の光を［　　］している部分のうち，一部だけが地球から見えるためである。〈東京〉

❼反射

よくでる

□ ❽月が下の**図2**の**ア**の位置にあるとき，地球から月を見ると，午後6時頃に［　A　］の方角の空に，［　B　］の形をした月が見える。〈神奈川〉

図2

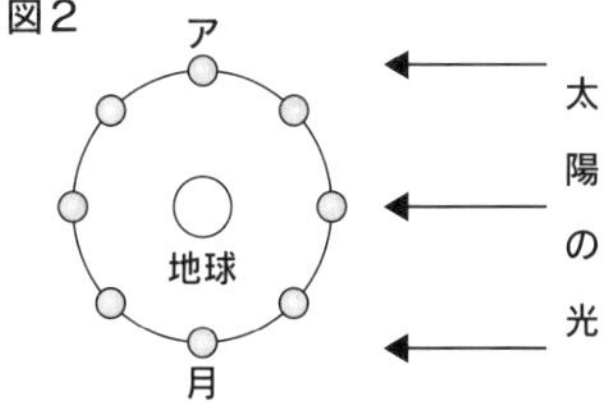

❽A：南

B：半月〔上弦(じょうげん)の月〕

ポイント アの位置にある月は，夕方に南の空に見える。

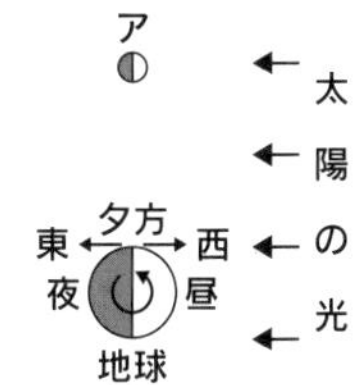

よくでる

□ ❾右の**図3**の上弦の月は［　A　］時頃に東からのぼり，［　B　］時頃にほぼ真南を通り，［　C　］時頃に西の地平線に沈(しず)む。〈千葉〉

図3

❾A：午前12

B：午後6

C：午後12

ポイント 上弦の月は**図2**のアの位置に月があるときに見える。

□ ❿三日月が見えた7日後，同じ時刻に月を観察すると，月の形は下の**ア**～**エ**のうちどのように見えるか。〈富山〉

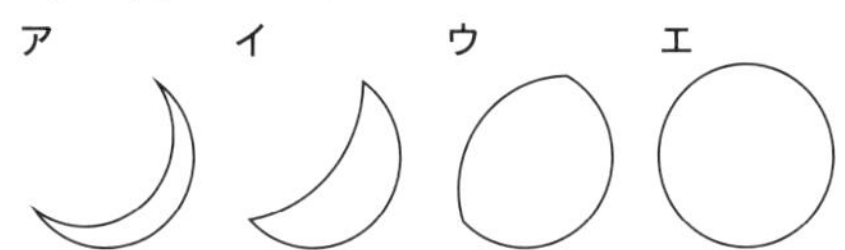

❿ウ

ポイント 月は約29.5日の周期で形を変える。7日後は半月よりも満ちたウのような形に見える。

物理編　化学編　生物編　地学編　資料編

地学編　でる度 ★★★

太陽系と惑星

☐ ❶太陽を中心とする天体の集まりの名称。〈和歌山〉

❶太陽系

よくでる

☐ ❷恒星のまわりを回っていて，ある程度の質量と大きさをもった天体。〈福島〉

❷惑星

☐ ❸太陽系には，太陽のまわりを公転している惑星が［　　］個ある。〈北海道〉

❸8

ポイント 水星，金星，地球，火星，木星，土星，天王星，海王星の8個。

☐ ❹下の**図1**は地球の大きさをもとにして他の7つの惑星を大きい順に並べている。地球型惑星は地球と［　A　］，［　B　］，［　C　］である。〈和歌山〉

図1

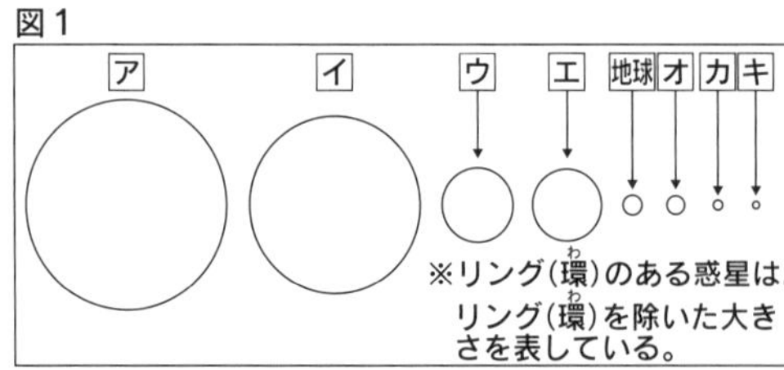

❹A：オ
B：カ
C：キ
(順不同)

ポイント **ア**は木星，**イ**は土星，**ウ**は天王星，**エ**は海王星，**オ**は金星，**カ**は火星，**キ**は水星である。

☐ ❺木星型惑星は地球型惑星に比べて，半径と質量が［　A　］，密度が［　B　］。〈愛知〉

❺A：大きく
B：小さい

☐ ❻おもに火星と木星の軌道の間に数多く存在する，不規則な形をした天体の名称。〈香川〉

❻小惑星

□ ❼太陽系の惑星の中で，公転軌道が最も大きい惑星の名称。〈埼玉〉

❼海王星

□ ❽下の**図2**は，地球と金星および太陽の位置関係を模式的に表している。図の**ア**の位置にある金星は，［　A　］頃に［　B　］の方角に見える。

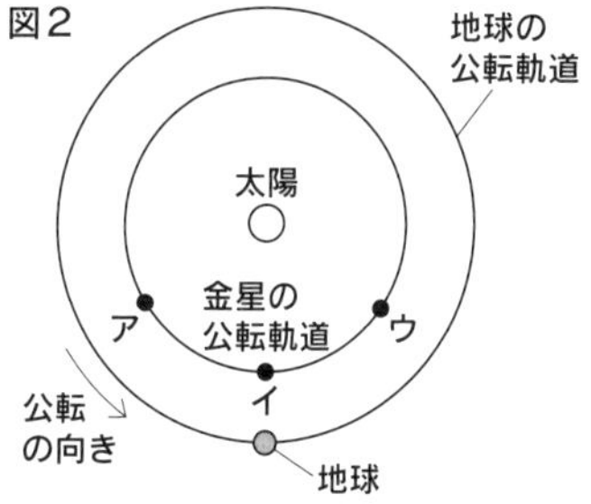

❽A：夕方〔日の入り〕
B：西

ポイント 図2で，**ア**は地球より左側にあるので夕方に見える。

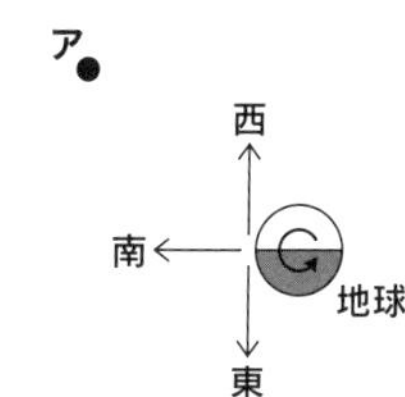

よくでる

□ ❾**図2**の**ア**の位置に金星が見えた日から毎日同じ時刻に金星を観測すると，金星の見かけの大きさはしだいに［　　］なる。〈栃木〉

❾大きく

ポイント 金星は地球と同じ向きに公転しているので，**ア**の位置より地球に近づく。

よくでる

□ ❿金星を真夜中には観測できないのは，金星が地球よりも［　　］側を公転しているからである。〈富山〉

❿内

よくでる

□ ⓫地球から金星が右の**図3**のような形に見えるのは，**図2**で金星が**ア**～**ウ**のうちどの位置にあるときか。〈和歌山〉

図3

⓫ア

ポイント 金星がアの位置にあるときは，太陽の光を受ける右側が光って見える。

□ ⓬金星は，三日月の形に見えるときの方が丸い形に見えるときよりも，見かけの大きさが［　　］。〈広島〉

⓬大きい

物理編
化学編
生物編
地学編
資料編

でる度 ★★★

銀河系・宇宙

□ ❶銀河系にある，多数の恒星でできている星の集団の名称。〈佐賀〉

❶星団

□ ❷宇宙空間で，ガスやちりが集まっているところの名称。〈佐賀〉

❷星雲

□ ❸恒星の集団である星団や，ガスのかたまりである星雲，および多数の恒星でつくられている天体の大集団の名称。

❸銀河

□ ❹太陽系が属する銀河系は，下の**図1**のようにうずを巻いた形をしており，約［　　］個の恒星が含まれている。［　　］にあてはまるのは次の**ア**，**イ**のうちどちらか。〈徳島〉

ア　2000　　　**イ**　2000億

図1

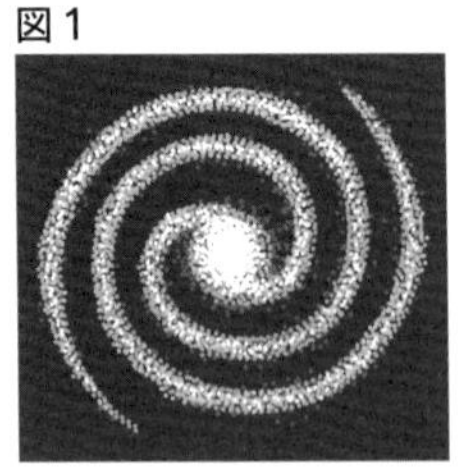

❹イ

□ ❺光が1年間で進む距離である1光年のおよその長さは，次の**ア**，**イ**のうちのどちらか。〈京都〉

ア　9億5千万km　**イ**　9兆5千億km

❺イ

資料編

実験器具の使い方

▶電流計の使い方

つなぎ方

①はかりたい部分に［直列］につなぐ。
②電源の＋極側に電流計の［＋］端子を，電源の－極側に電流計の［－］端子をつなぐ。

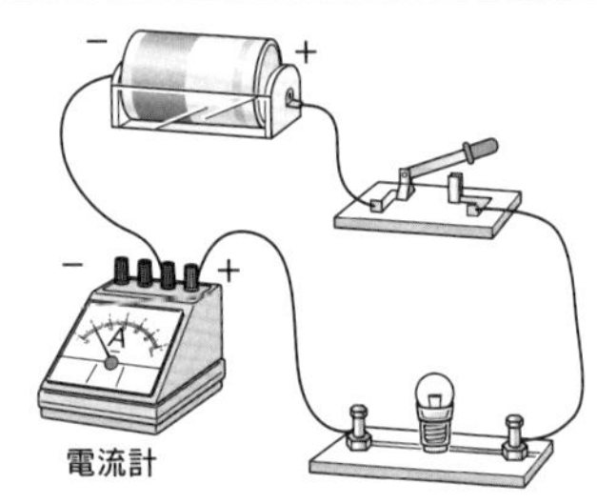

⚠注意

電流の大きさが予想できないときは，まず［5A］の－端子につなぐ。もし指針の振れが小さければ，［500mA］の－端子，［50mA］の－端子の順につなぎかえる。

目盛りの読み方

つないだ－端子の値と，指針が目盛りの右端まで振れたときの値は［等しい］。

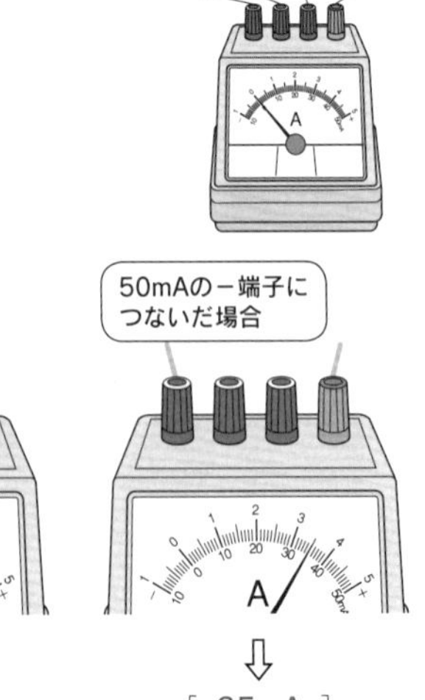

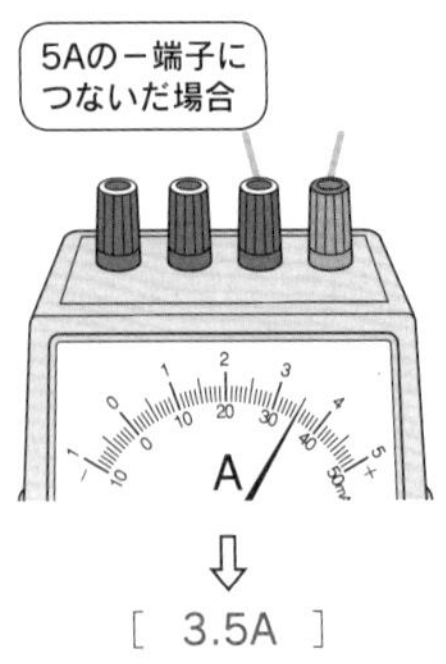

⇩
［ 3.5A ］

500mAの－端子に
つないだ場合

⇩
［350mA］

⇩
［ 35mA ］

▶電圧計の使い方

つなぎ方

①はかりたい部分に［並列(へいれつ)］につなぐ。
②電源の＋極側に電圧計の［＋］端子を，電源の－極側に電圧計の［－］端子をつなぐ。

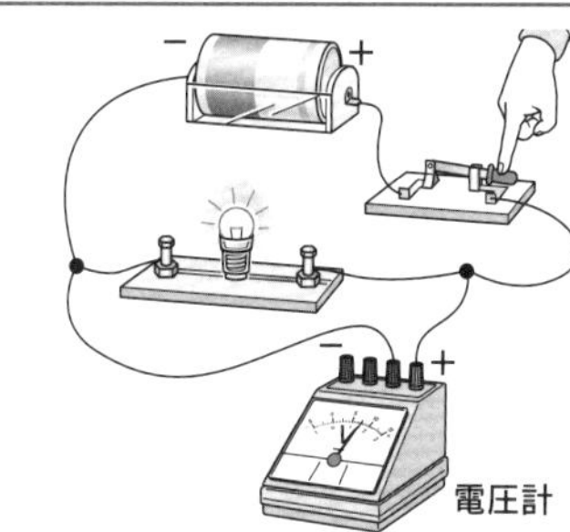

⚠注意

電圧の大きさが予測できないときは，まず［300V］の－端子につなぐ。もし指針の振れが小さければ，［15V］の－端子，［3V］の－端子の順につなぎかえる。

目盛りの読み方

つないだ－端子の値と，指針が目盛りの右端まで振れたときの値は［等しい］。

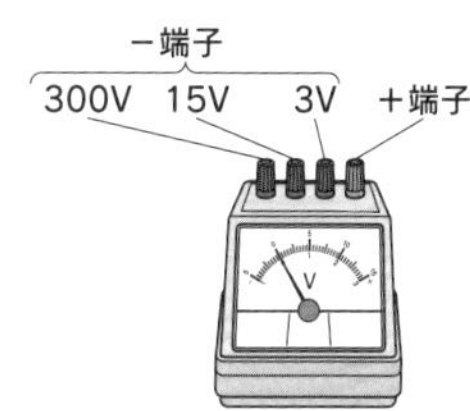

300Vの－端子につないだ場合

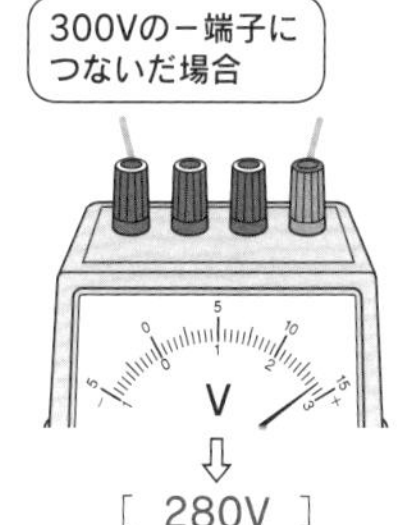

⇩

［ 280V ］

15Vの－端子につないだ場合

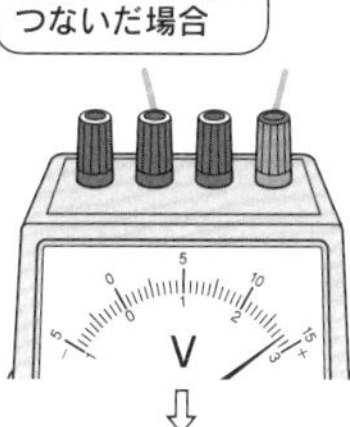

⇩

［ 14V ］

3Vの－端子につないだ場合

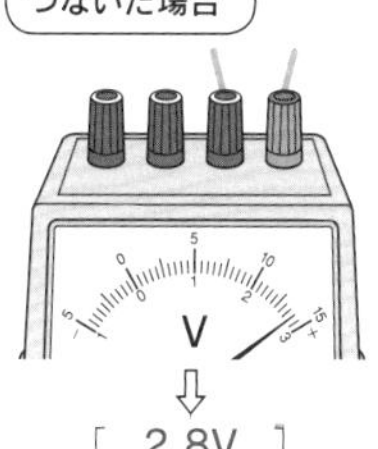

⇩

［ 2.8V ］

▶検流計の使い方

- 非常に小さい［電流］でも測定することができる。
- 電流が＋端子から流れこむ→指針が［右］に振れる。
- 電流が－端子から流れこむ→指針が［左］に振れる。

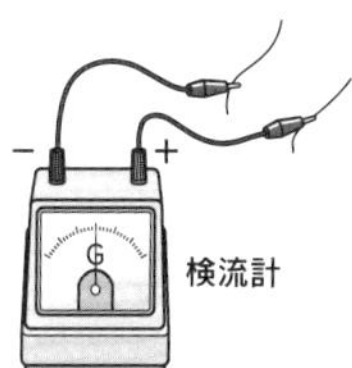

▶上皿てんびんの使い方

準備

- [水平] で安定した台の上に置く。
- 指針(ししん)が左右に [等しく] 振(ふ)れるように，[調節ねじ] で調節する。

物体の質量をはかるとき（右ききの人の場合）

①質量をはかりたい物体を [左] の皿にのせる。
② [右] の皿に，その物体よりも少し [重い] と思われる分銅をのせる。
③分銅を [軽い] ものにかえていき，指針が左右に等しく振れるようにする。

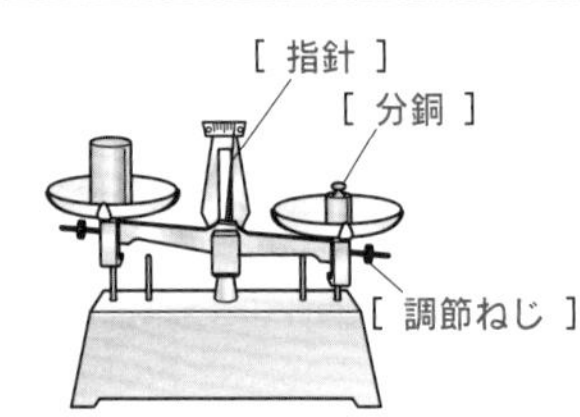

⚠注意

分銅は [ピンセット] を使ってのせる。

決まった質量の物質をはかりとるとき（右ききの人の場合）

①決まった質量の分銅と [薬包紙(やくほうし)] を [左] の皿にのせる。
②右の皿にも薬包紙をのせ，物質を [少しずつ] のせていき，指針が左右に等しく振れるようにする。

後片付け

皿を [どちらか一方] に重ねて置く。

▶電子てんびんの使い方

物体の質量をはかるとき

①表示が [0.0g] や [0.00g] になっていることを確認(かくにん)する。
②質量をはかりたい物体をのせて，数値を読みとる。

決まった質量の物質をはかりとるとき

①薬包紙(やくほうし)や容器をのせてから，表示を [0.0g] や [0.00g] にする。
②物質を [少しずつ] のせていく。

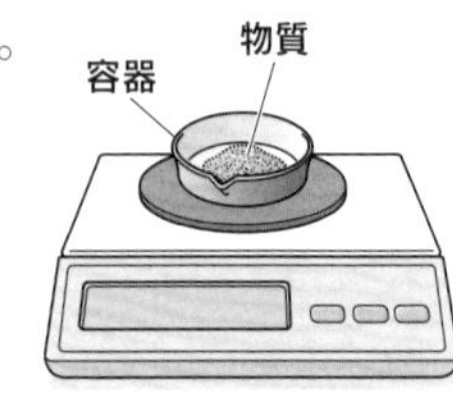

▶メスシリンダーの使い方

準備

［水平］で安定した台の上に置く。

液体の体積をはかるとき

目の位置を［液面］と同じ高さにして，最小目盛りの$\left[\dfrac{1}{10}\right]$まで目分量で読みとる。

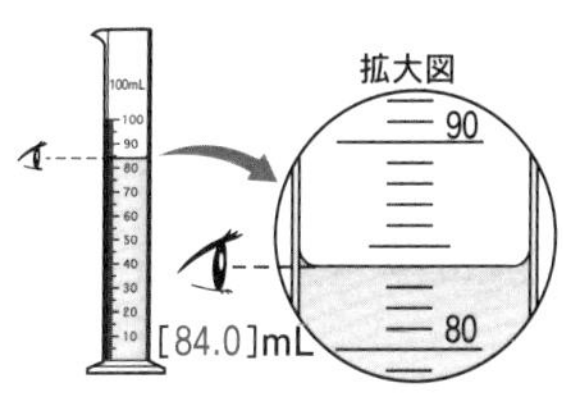

固体の体積をはかるとき

①メスシリンダーに液体を入れ，液面の目盛りを読みとる。
②固体を液体の中に［すべて］入れ，液面の目盛りを読みとる。
③(［②］で読みとった値)－(［①］で読みとった値)で，固体の体積を求める。

▶ガスバーナーの使い方

火をつける

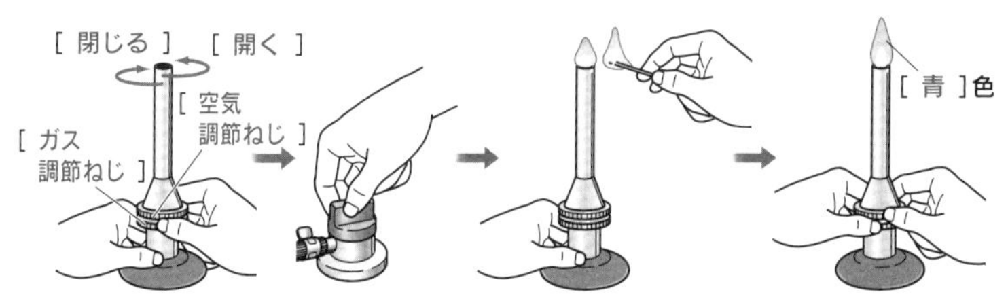

① ［ガス］調節ねじと［空気］調節ねじが閉じていることを確認する。

② ［元栓］を開ける。(［コック］がついている場合はコックも開ける。)

③ ［ガス］調節ねじを少しずつ開いて点火し，［ガス］調節ねじで炎の大きさを調節する。

④ ［ガス］調節ねじをおさえたまま，［空気］調節ねじを開いて，［青］色の炎にする。

火を消す

① ［空気］調節ねじを閉じてから，［ガス］調節ねじを閉じる。
② ［元栓］を閉じる。(［コック］がついている場合は先に閉じる。)

▶試験管の使い方

液の量と試験管のもち方

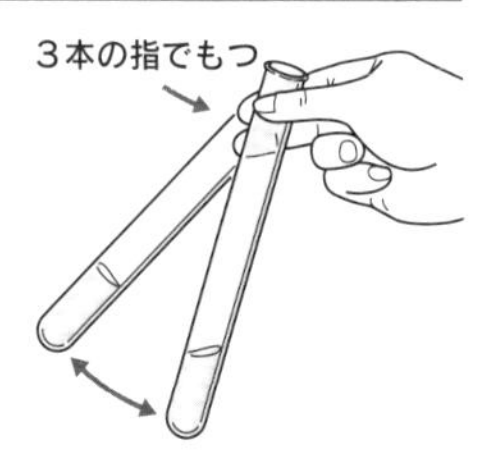

①液の量は試験管の$\left[\frac{1}{5}\right]$～$\left[\frac{1}{4}\right]$にする。

②上部を［親指］，人差し指，中指の3本でもつ。

試験管を加熱するとき

- 液体の場合…炎の先から$\frac{1}{4}$～$\left[\frac{1}{3}\right]$くらい下にあてて，底を［小きざみに］振りながら加熱する。

⚠注意

液体が急に沸とうするのを防ぐため，［沸とう石］を必ず入れる。

- 固体の場合…試験管の口を少し［下げて］加熱する。（加熱によって発生した液体が加熱部分に流れると，試験管が［割れる］おそれがあるので。）

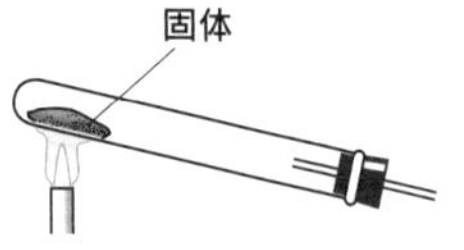

▶双眼実体顕微鏡の使い方

準備

- 水平で，直射日光の［当たらない］明るい台の上に置く。

使い方

鏡筒
［ 接眼レンズ ］
視度調節リング
微動ねじ
粗動ねじ
［ 対物レンズ ］
ステージ

①鏡筒を動かして［両目］の幅に合わせ，両目でのぞきながら左右の［視野］が1つに見えるように調節する。

②［両］目でのぞき，粗動ねじをゆるめて鏡筒を上下させ，およそのピントを合わせる。

③［右］目だけでのぞき，微動ねじを回してピントを合わせる。

④［左］目だけでのぞき，視度調節リングを回してピントを合わせる。

▶顕微鏡の使い方

準備

- 直射日光の［当たらない］明るい水平な台の上に置く。
- 先に［接眼レンズ］をとりつけてから，［対物レンズ］をつける。

ポイント

（顕微鏡の倍率）
　＝（［接眼］レンズの倍率）
　　×（［対物］レンズの倍率）

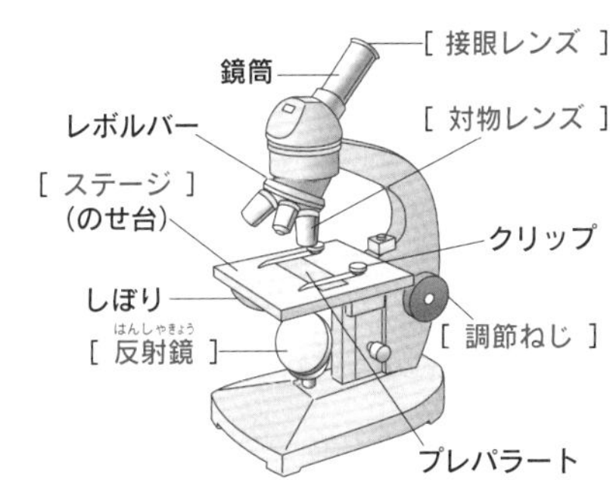

使い方

①最も［低倍率］の対物レンズにして，視野全体が明るく見えるように，反射鏡や［しぼり］を調節する。

②プレパラートをステージの上にのせて［クリップ］でとめる。［横］から見ながら，［対物レンズ］をプレパラートにできるだけ［近づける］。

③接眼レンズをのぞきながら，調節ねじを②と［逆］の方向に回して，対物レンズをプレパラートから遠ざけながら［ピント］を合わせる。

④高倍率にするときは，見たいものを［視野の中央］に移動させてから，レボルバーを回して高倍率の［対物レンズ］にかえる。

⚠注意

ふつう，視野の中に見える像は［上下左右］が逆である。

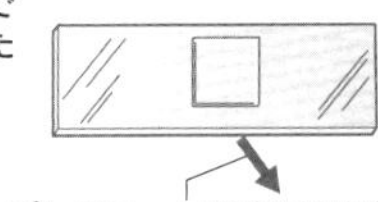

プレパラートを動かす方向

▶プレパラートのつくり方

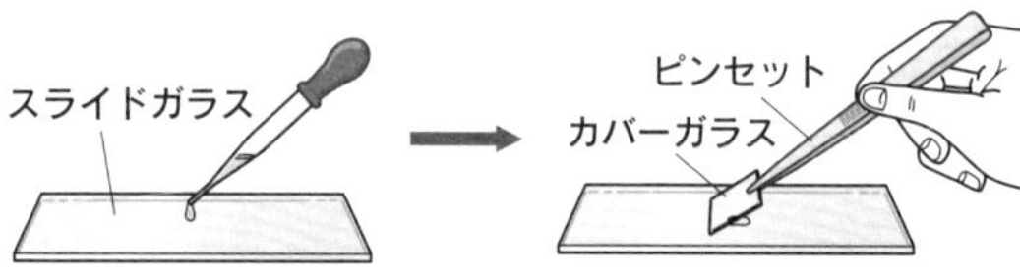

①スライドガラスの［中央］に［水］を1滴落とし，その上に観察したいものをのせる。

②ピンセットやえつき針(ばり)で，［空気の泡］が入らないように静かに［カバーガラス］を端から下ろす。

⚠注意

プレパラートがかわいた場合は，［スポイト］を使って，カバーガラスとスライドガラスの間に［水］を加える。

▶ルーペの使い方

観察するものが動かせるとき

ルーペを［目］に近づけてもち，［観察するもの］を前後に動かしてピントを合わせる。

ポイント

ルーペで観察するときは，ルーペを［目］に近づけて持つ。

観察するものが動かせないとき

ルーペを［目］に近づけて持ったまま，［自分］が前後に動いてピントを合わせる。

⚠注意

目を痛めるので，ルーペで［太陽］を見てはいけない。

代表的な実験

▶凸（とつ）レンズによってできる像を調べる実験

方法

右の図のような実験装置で，凸レンズによってできる像を調べる。

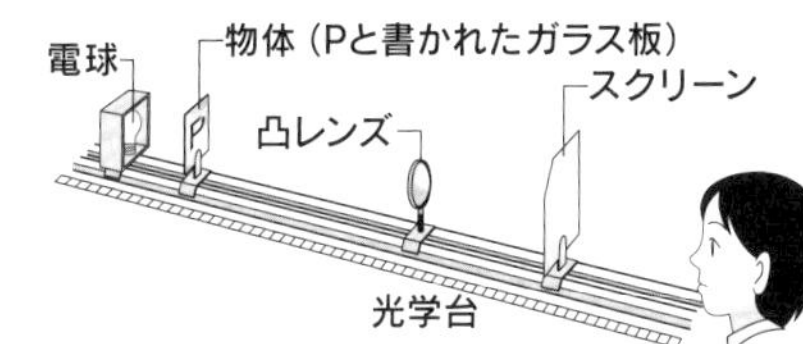

結果と考察

	物体の位置	像ができる位置	像の大きさ	像の向き	像の名称
①	焦点距離（しょうてんきょり）の２倍より遠い位置	焦点と焦点距離の［２倍］の位置の間	物体より［小さい］	物体と上下左右が［逆］向き	［実像（じつぞう）］
②	焦点距離の２倍の位置	焦点距離の［２倍］の位置	物体と［同じ］	物体と上下左右が［逆］向き	［実像］
③	焦点と焦点距離の２倍の位置の間	焦点距離の２倍より［遠い］位置	物体より［大きい］	物体と上下左右が［逆］向き	［実像］
④	焦点より近い位置	スクリーン上に像はできない	物体より［大きい］	物体と上下左右が［同じ］向き	［虚像（きょぞう）］

※Ｆは焦点を表している。

①

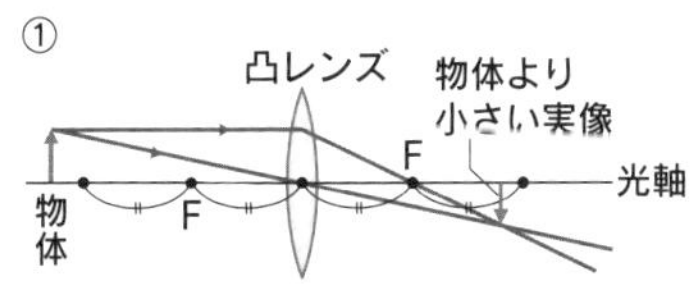

②

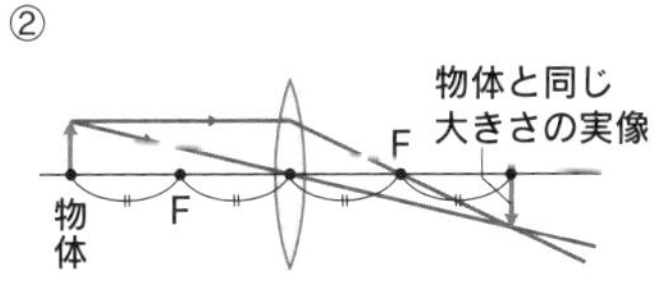

③

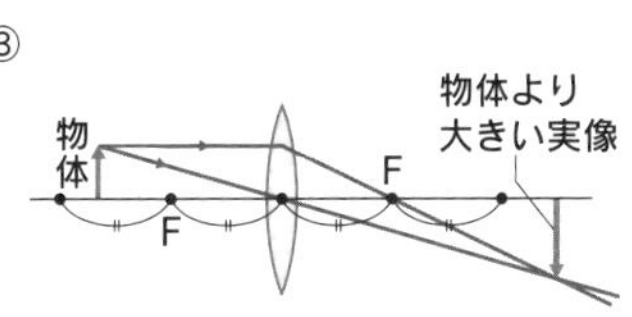

④

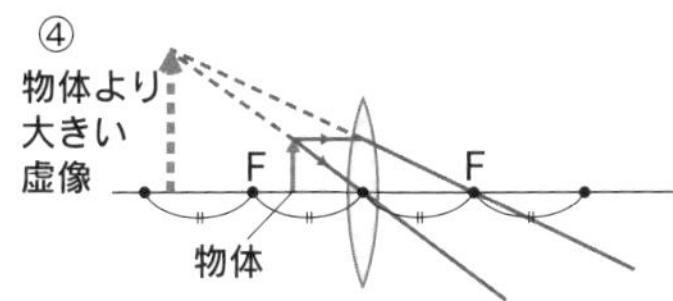

▶斜面(しゃめん)を下りる台車の運動を調べる実験

方法

①下の図のような実験装置で，斜面上の台車の運動を［**記録タイマー**］で記録する。
②斜面の傾(かたむ)きを大きくして，同じように台車の運動を記録する。
③それぞれの記録テープを［**0.1**］秒ごとに切る。

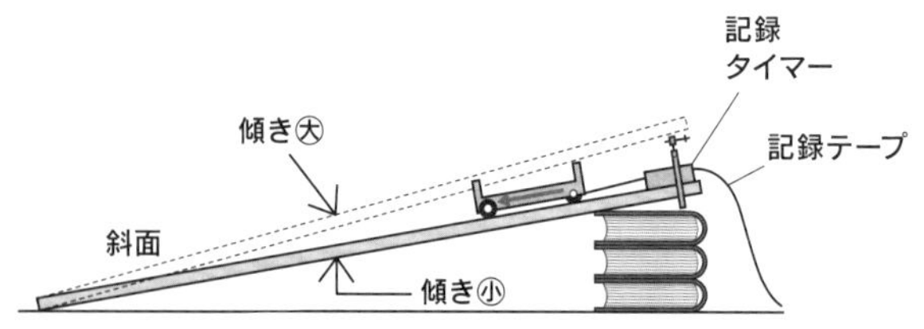

結果と考察

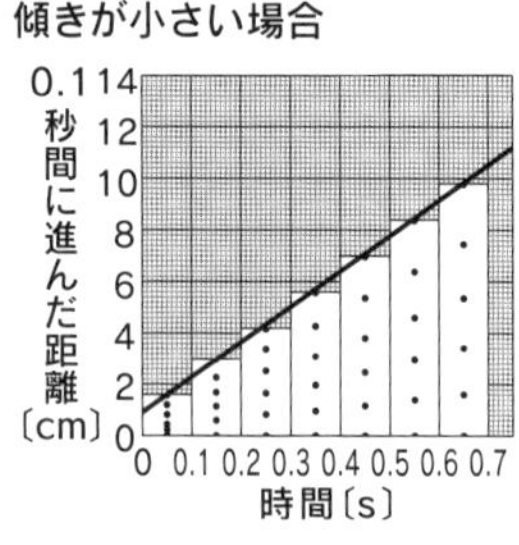

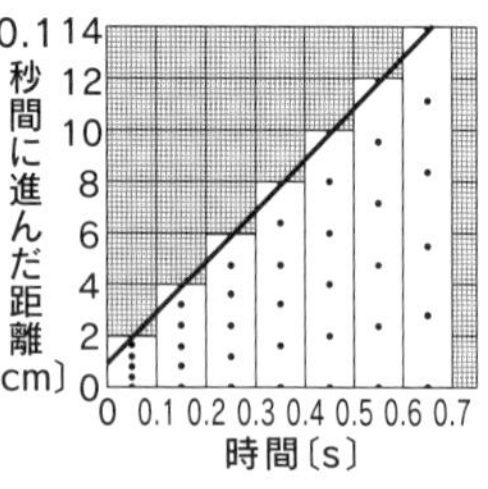

- 傾きが小さい場合も大きい場合も，速さがしだいに［**速く**］なった。
  →運動の向きと［**同じ**］向きに力がはたらいていると，速さがしだいに速くなる。
- 斜面の傾きが［**大きい**］方が速さの変化が大きい。
  →運動の向きと同じ向きにはたらく力の大きさが［**大きい**］ほど，速さの変化が大きくなる。

ポイント

斜面上の台車には斜面上のどの場所であっても［斜面にそって］下向きに［同じ］大きさの力（重力の斜面に［平行］な分力）がはたらき続ける。

▶水とエタノールの混合物(こんごうぶつ)の蒸留(じょうりゅう)

方法

①右の図のような実験装置で，水とエタノールの混合物を加熱し，温度変化を調べる。

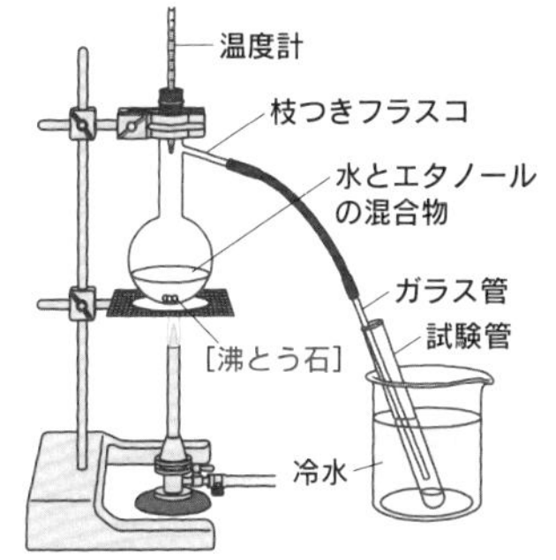

⚠注意

- ［沸(ふっ)とう石］を入れて加熱する。
  （液体が突然沸とうするのを防ぐため。）
- 枝つきフラスコの［枝］の高さに，温度計の液だめがくるようにする。
  （出てくる［蒸気（気体）］の温度をはかるため。）
- たまった液体の中に，ガラス管の先が入らないようにする。
  （火を消したときに，液体が［逆流］するのを防ぐため。）

②先にたまった液体と後からたまった液体に分けて，それぞれのにおいと，液体にひたしたろ紙に火を近づけたときの火のつき方を調べる。

結果と考察

- 温度変化は右の図のようになり，温度は［一定にならず］少しずつ変化していった。
  →混合物の沸点(ふってん)は［決まった温度］にならない。

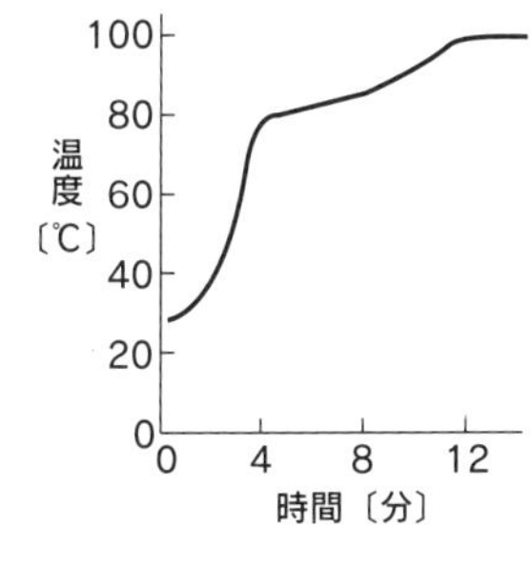

	先にたまった液体	後からたまった液体
におい	［エタノール］のにおいがした	［におい］がしなかった
火のつき方	火が［ついた］	火が［つかなかった］

→水よりも沸点の［低い］エタノールを多く含む蒸気（気体）が先に出てきた。

▶炭酸水素ナトリウムの熱分解(ねつぶんかい)

方法

右の図のような実験装置で，炭酸水素ナトリウムを加熱し，発生する気体・液体について調べる。また，加熱前と加熱後の物質の性質を比べる。

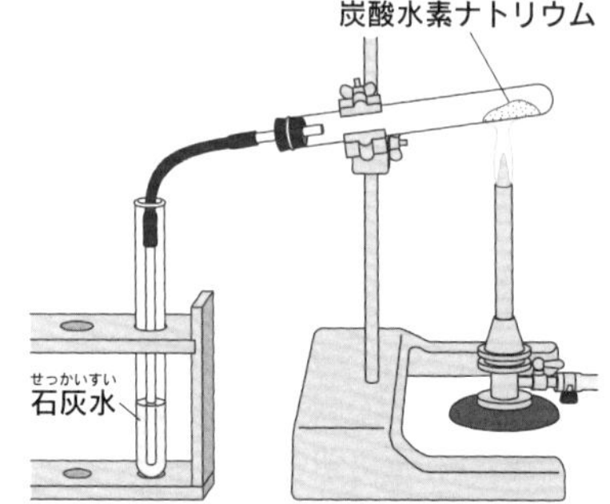

⚠注意

- 試験管の口を少し［下げる］。
（発生した［液体］が加熱部分に流れると，試験管が［割れる］おそれがあるため。）
- 加熱をやめる前に，［ガラス管］を石灰水から出す。
（石灰水が［逆流］するのを防ぐため。）

結果と考察

- 気体が発生し，石灰水が［白く］にごった。
→［二酸化炭素］が発生した。
- 試験管の口についた液体を青色の［塩化コバルト紙］につけると，赤色（桃色）に変化した。→［水］ができた。
- 加熱前の炭酸水素ナトリウムと，加熱後の試験管に残った白い固体の水へのとけ方と，その水溶液に［フェノールフタレイン(溶)液］を加えたときの色を調べた。

	炭酸水素ナトリウム	試験管に残った白い固体
水へのとけ方	［少し］とけた	［よく］とけた
水溶液の色	うすい［赤色］	濃い［赤色］

→炭酸水素ナトリウムは加熱によってちがう物質になった。
（このように熱を加えて物質を分解することを［熱分解］という。）

炭酸水素ナトリウム →［炭酸ナトリウム］+［二酸化炭素］+ 水

2［$NaHCO_3$］ → Na_2CO_3 + CO_2 +［H_2O］

▶水の電気分解

方法

右の図のような実験装置で，[電流]を流す。

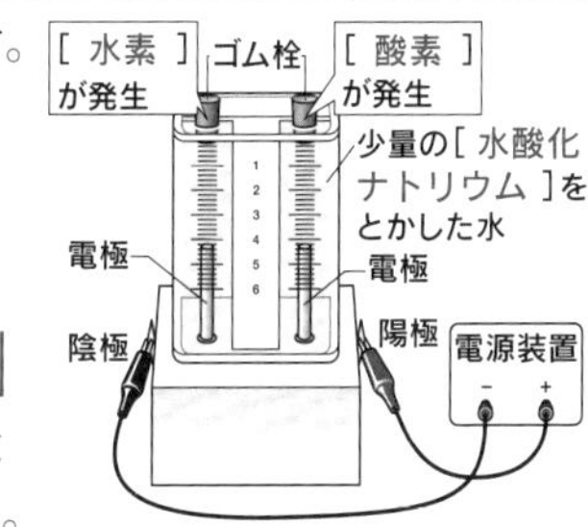

⚠注意

水に[水酸化ナトリウム]を少量とかす。
(純粋な水は電気を[通しにくい]ため。)

結果と考察

- [陰極]に発生した気体にマッチの火を近づけると，音を立てて[気体]が燃えた。
→[水素]が発生した。
- [陽極]に発生した気体に火のついた線香を入れると線香が[激しく]燃えた。→[酸素]が発生した。

水 → [水素]+ 酸素
$2[H_2O] \rightarrow 2H_2 + [O_2]$

▶鉄と硫黄の反応

方法

①鉄粉と硫黄の粉末を混ぜて2本の試験管に分け，一方の試験管(試験管A)はそのままで，もう一方の試験管(試験管B)は混合物の上部を加熱する。上部が赤くなったら，加熱をやめる。

⚠注意

いったん反応が始まると，[加熱をやめても]次々と反応が続く。
(鉄と硫黄の反応にともなって[熱]が発生し，その[熱]で反応が進むため。)

②磁石を近づけたときと，うすい塩酸を加えたときのようすを比べる。

結果と考察

	試験管Aの物質	試験管Bの物質
磁石を近づける	磁石に[ついた]	磁石に[つかなかった]
うすい塩酸を加える	[水素]が発生した	[硫化水素]が発生した

→鉄と硫黄の混合物は加熱によってちがう物質になった。

鉄+硫黄 → [硫化鉄]
Fe+[S] → [FeS]

▶酸化銅の還元

方法

右の図のような実験装置で，酸化銅（黒色）の粉末と炭素の粉末の混合物を加熱し，発生した気体と加熱後の物質を調べる。

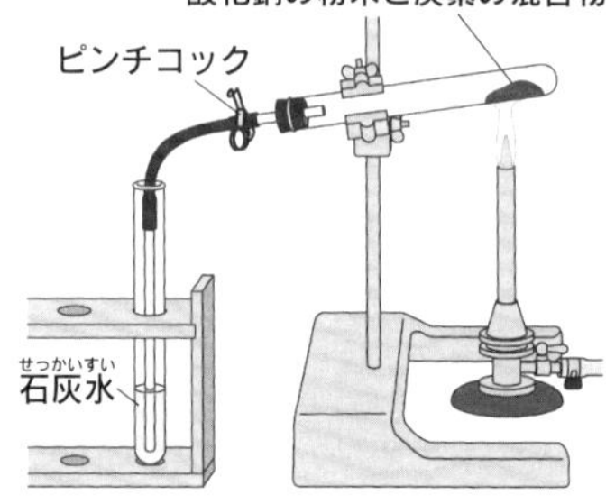

⚠注意

・加熱をやめる前に，ガラス管を石灰水から出す。
（加熱している試験管に石灰水が［逆流］するのを防ぐため。）

・加熱後，ピンチコックでゴム管を閉じる。
（試験管に空気（［酸素］）が入り，銅が再び［酸素］と結びつくのを防ぐため。）

結果と考察

- 気体が発生し，石灰水が［白く］にごった。
  →［二酸化炭素］が発生した。
  →炭素が［酸素］と結びついた（［酸化］された）。
- 加熱後の試験管に残った［赤色］の物質を薬品さじでこすると，金属光沢が見られた。
  →［銅］ができた。
  →［酸化銅］から酸素が奪われた（［還元］された）。

ポイント

還元は酸化と［同時に］起こる。

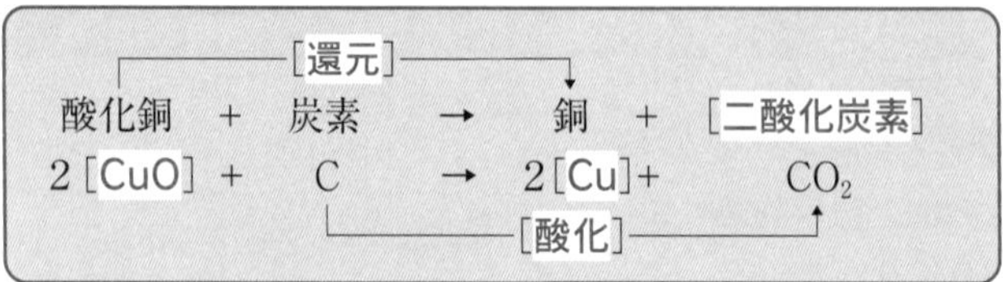

▶金属と結びつく酸素の割合を調べる実験

方法

①銅の酸化…右の図のように，銅の粉末をステンレス皿に入れて，質量が変化しなくなるまで加熱する。

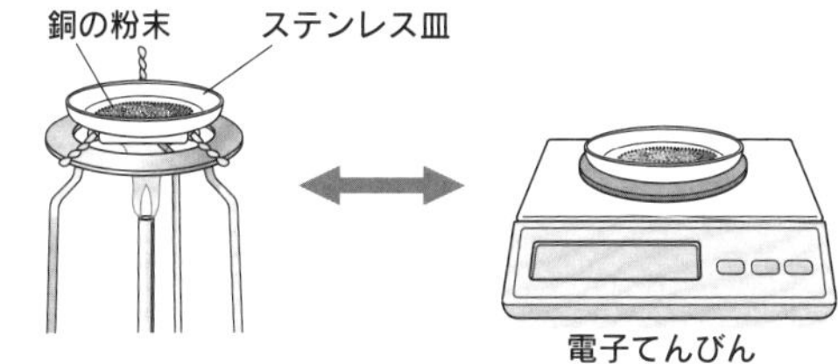

②マグネシウムの酸化…マグネシウムの粉末をステンレス皿に入れて，質量が変化しなくなるまで加熱する。

結果と考察

- 加熱後に残った物質の質量は，加熱前の金属の質量よりも［大きくなった］。
  →金属が空気中の［酸素］と結びついた。

> 銅 ＋酸素 → ［酸化銅］
> $2Cu+[O_2]$ → $2[CuO]$

> マグネシウム＋酸素 → ［酸化マグネシウム］
> $2[Mg] + O_2$ → $2[MgO]$

- 金属の質量と結びつく酸素の質量の比は，つねに［一定］である。銅とマグネシウムについては，
  銅：酸素＝［4：1］
  マグネシウム：酸素＝［3：2］
  となる。

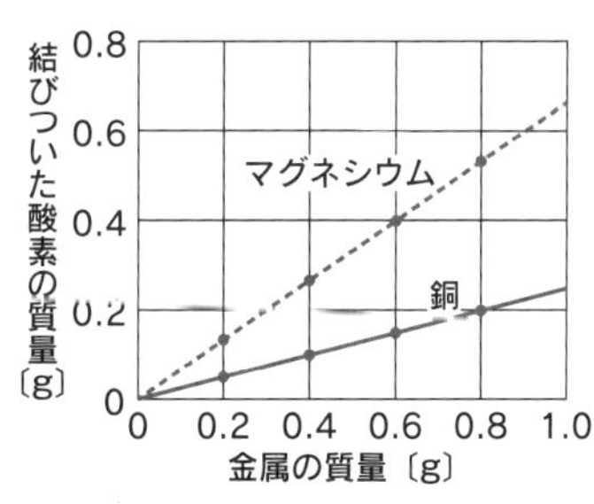

⚠注意

- 結びついた酸素の質量＝［酸化物］の質量－金属の質量
- 金属の質量と結びつく酸素の質量は［比例］する。

▶ダニエル電池

方法

右の図のような実験装置に光電池用モーターをつなぎ，しばらくたった後，亜鉛（あえん）板・銅板のようすを調べる。

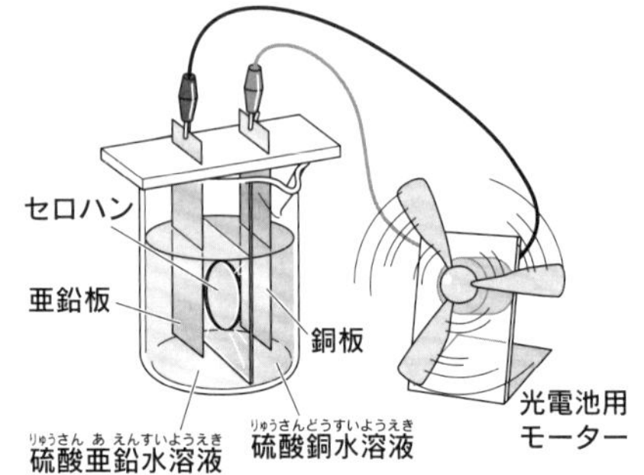

結果と考察

- ［亜鉛］板では，［亜鉛］がとけ出し，［亜鉛］板がぼろぼろになった。
- ［銅］板には，［銅］が付着した。

ポイント

亜鉛板が［－（マイナス）］極，銅板が［＋（プラス）］極になる。

電池とイオン

①陽イオンになり［やすい］亜鉛原子が電子を［放出］して，亜鉛イオンになる。

$Zn \rightarrow$ ［Zn^{2+}］ $+ 2e^-$

（e^-は電子を表している。）

②電子が［亜鉛］板から導線を通って［銅］板へ移動する。

③銅板では，水溶液中の［銅］イオンが電子を受けとって［銅］原子になる。

［Cu^{2+}］ $+ 2e^- \rightarrow Cu$

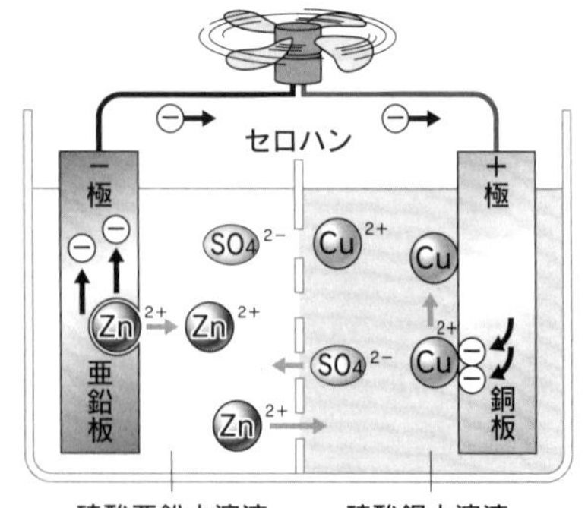

イオンになりやすい方の金属板が［－］極，イオンになりにくい方の金属板が［＋］極になる。

▶塩酸と水酸化ナトリウム水溶液の中和

方法

①水酸化ナトリウム水溶液をビーカーに入れ，緑色のBTB溶液を数滴加える。

②うすい塩酸を少しずつ加えていき，液が［緑色］になったところで加えるのをやめる。

③②の液を1滴スライドガラスにとり，加熱して液体を蒸発させた後，残ったものを顕微鏡で観察する。

④②の液に，さらにうすい塩酸を加える。

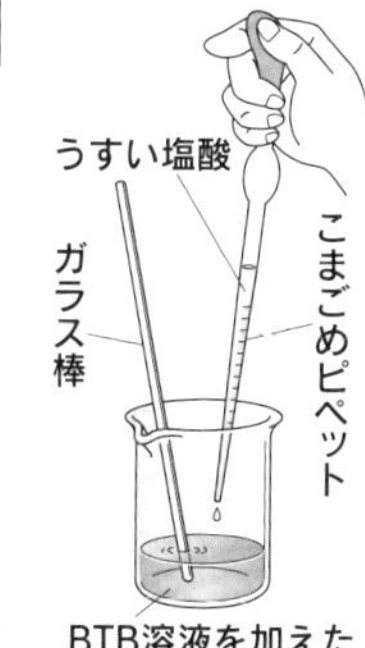

結果と考察

- 液の色は［青色］→［緑色］→［黄色］と変化した。
  ⇨水溶液の性質が，［アルカリ］性→［中］性→［酸］性と変化した。
- ③では白色の結晶が見られた。⇨［塩化ナトリウム］(塩)ができた。

中和とイオン

水酸化ナトリウム水溶液にうすい塩酸を加えると，次のように［中和］が進む。

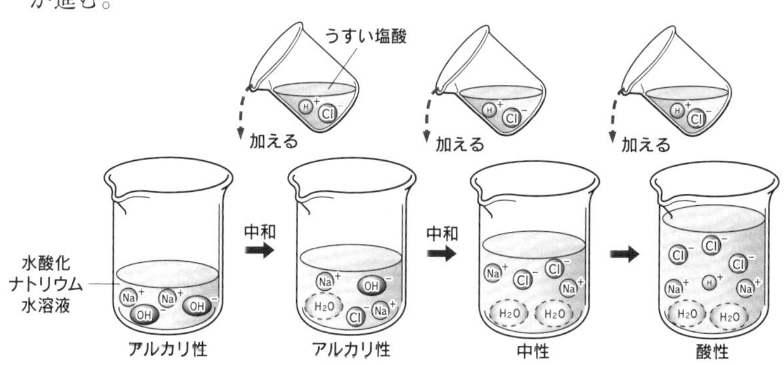

- 水素イオンと水酸化物イオンが結びついて，［水］ができる。
  ［H^+］＋［OH^-］→H_2O
- 液体を蒸発させると，ナトリウムイオンと塩化物イオンが結びついて，［塩化ナトリウム］ができる。
  ［Na^+］＋［Cl^-］→NaCl

ポイント
酸＋アルカリ→塩＋［水］

▶光合成のはたらきを調べる実験

方法

①一晩暗室に置いたふ入りの葉の一部をアルミニウムはくでおおい，光を十分に当てる。
②葉を熱湯にしばらくつける。
③葉をあたためたエタノールにつけて，［脱色］する。
④水で洗い，ヨウ素液をつける。
⑤A, B, Cの部分の色を調べる。

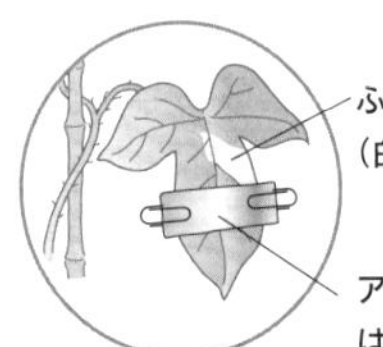

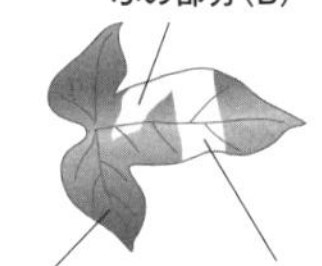

ポイント
- ふの部分には［葉緑体］がない。
- 一晩暗室に置いて，葉の［デンプン］をなくす。
- 葉の一部をアルミニウムはくでおおい，［光］が当たらないようにする。

結果と考察

緑色の部分（A）	青紫色になった→［デンプン］ができた
ふの部分（B）	［変化しなかった］
アルミニウムはくでおおった部分(C)	［変化しなかった］

ポイント
ヨウ素液は，デンプンがあると［青紫］色に変化する。

- AとBの結果の比較→光合成には［葉緑体］が必要である。
- AとCの結果の比較→光合成には［光］が必要である。

光合成は，葉の細胞の［葉緑体］に［光］が当たったときに行われる。

▶だ液のはたらきを調べる実験

方法

①デンプン溶液が入った試験管を2本用意し，一方の試験管には水でうすめただ液(試験管A)，もう一方には水を加える(試験管B)。次に，試験管A, Bを約［40］℃の湯で10分間あたためる。

②試験管A, Bの液をそれぞれ2つに分ける。

③一方に，ヨウ素液を加える(だ液の入っているものを試験管A，入っていないものを試験管Bとする)。

④もう一方に，ベネジクト液を加えて加熱する(だ液の入っているものを試験管A′，入っていないものを試験管B′とする)。

・①で水を入れた試験管Bを用意するのは，デンプンの変化がだ液によることを確かめるため（［対照］実験）。

・①で約［40］℃の湯につけたのは，だ液はヒトの［体温］に近い温度でよくはたらくため。

⚠注意

④では液体が突然沸とうするのを防ぐため，［沸とう石］を入れる。

結果と考察

	試験管A・A′（だ液）	試験管B・B′（水）
ヨウ素液による変化	［変化しなかった］	［青紫色］になった
ベネジクト液による変化	［赤褐色］になった	［変化しなかった］

- 試験管Aと試験管Bのヨウ素液による変化の比較
  → ［だ液］のはたらきでデンプンがなくなった。
- 試験管A′と試験管B′のベネジクト液による変化の比較
  →だ液のはたらきで［麦芽糖］などができた。

だ液には，［デンプン］を［麦芽糖］に分解するはたらきがある。

おもな試薬・指示薬

役割	薬品名	性質
酸・アルカリの検出	青色リトマス紙	［酸］性の水溶液に反応して， 青色→［赤］色と変化する。
	赤色リトマス紙	［アルカリ］性の水溶液に反応して， 赤色→［青］色と変化する。
	BTB(溶)液	酸性 ⇔ 中性 ⇔ アルカリ性 ［黄］色 ［緑］色 ［青］色
	フェノールフタレイン(溶)液	酸性・中性⇔アルカリ性 ［無］色 ［赤］色
	ムラサキキャベツ液	酸性 ⇔ 中性 ⇔ アルカリ性 ［赤］色 ［紫］色 ［黄］色
二酸化炭素の検出	［石灰水］	二酸化炭素を通すと，［白く］にごる。
デンプンの検出	［ヨウ素液］	デンプンがあると，［青紫］色に変化する。
ブドウ糖や麦芽糖の検出	［ベネジクト液］	水溶液に混ぜて［加熱］する。 ブドウ糖や麦芽糖があると，［赤褐］色の沈殿ができる。
水の検出	［塩化コバルト紙］	水があると，青色から［赤］色(桃色)に変化する。
細胞の核の染色	酢酸カーミン(溶)液	細胞中の核を［赤］色に染める。
	酢酸オルセイン(溶)液	細胞中の核を［赤紫］色に染める。
	酢酸ダーリア(溶)液	細胞中の核を［青紫］色に染める。

おもな単位

量	単位名	記号	意味・換算
長さ	メートル	m	1m＝［100］cm＝［1000］mm, 1km＝［1000］m
質量	グラム	g	1kg＝［1000］g, 1g＝［1000］mg
面積	平方センチメートル	cm^2	$1m^2$＝［10000］cm^2
体積	立方センチメートル	cm^3	$1m^3$＝［1000000］cm^3, $1cm^3$＝1mL
密度	グラム毎立方センチメートル	g/cm^3	$1cm^3$あたりの物質の質量
力・重さ	[ニュートン]	N	1Nは質量約［100］gの物体にはたらく重力の大きさ
圧力	[パスカル]	Pa	1Pa＝$1N/m^2$
	気圧	hPa	1気圧＝約［1013］hPa （1hPa＝100Pa）
速さ	メートル毎秒	m/s	1m/s＝3.6km/h
電流	[アンペア]	A	1A＝［1000］mA
電圧	[ボルト]	V	1V＝［1000］mV
抵抗	[オーム]	Ω	電気抵抗の大きさ
電力	[ワット]	W	1Wは［1］Vの電圧を加えて［1］Aの電流を流したときの電力
電力量	[ジュール]	J	1Jは［1］Wの電力を［1］秒間使用したときの電力量
	ワット時	Wh	1Whは［1］Wの電力を［1］時間使用したときの電力量
発熱量	ジュール	J	1Jは［1］Wの電力で電熱線に［1］秒間電流を流したときの発熱量
仕事・エネルギー	ジュール	J	1Jは物体に［1］Nの力を加えて力の向きに［1］m移動させたときの仕事の量

おもな公式・法則

関係項目	公式・法則名等	内容
光	反射の法則	入射角＝［反射角］
ばね	[フック]の法則	ばねののびは力の大きさに［比例］する。
密度	密度の求め方	密度〔g/cm^3〕＝$\dfrac{物質の［質量］〔g〕}{物質の［体積］〔cm^3〕}$
濃度	質量パーセント濃度の求め方	質量パーセント濃度〔%〕＝$\dfrac{［溶質］の質量〔g〕}{［溶液］の質量〔g〕}\times 100$ ＝$\dfrac{［溶質］の質量〔g〕}{［溶媒］の質量〔g〕＋［溶質］の質量〔g〕}\times 100$
電流と電圧	直列回路の電流	直列回路に流れる電流の大きさはどこでも［同じ］。
	並列回路の電流	並列回路の枝分かれした部分の電流の大きさの［和］は，分かれる前の電流の大きさに等しい。
	直列回路の電圧	直列回路の各部分に加わる電圧の［和］は，電源の電圧に等しい。
	並列回路の電圧	並列回路の各部分に加わる電圧は，［電源］の電圧に等しい。
	[オーム]の法則	電気抵抗を流れる電流の大きさは，［電圧］に比例する。電流I〔A〕，電圧V〔V〕，抵抗R〔Ω〕のとき，$V=［RI］$，$I=\left[\dfrac{V}{R}\right]$，$R=\left[\dfrac{V}{I}\right]$
電力	電力の求め方	電力〔W〕＝電流〔A〕×［電圧］〔V〕
熱量	熱量の求め方	熱量〔J〕＝［電力］〔W〕×時間〔s〕
電力量	電力量の求め方	電力量〔J〕＝電力〔W〕×［時間］〔s〕
電流と磁界	右ねじの法則	1本の導線に電流を流すと導線のまわりに［同心円状］の磁界ができる。磁界の向きは，電流の向きにねじを進めたときに［ねじを回す］向きと同じになる。
	コイルがつくる磁界	コイルを流れる電流の向きに右手の親指以外の指でにぎったとき，［親指］の向きがコイルの内側にできる磁界の向きになる。

関係項目	公式・法則名等	内容
圧力	圧力の求め方	圧力〔Pa, N/m^2〕＝$\dfrac{\text{面を［垂直］に押す力〔N〕}}{\text{力がはたらく面積〔m}^2\text{〕}}$
浮力	浮力を求める式	(浮力)＝([空気] 中のばねばかりの値)－([液体] 中のばねばかりの値)
	アルキメデスの原理	物体を液体中に沈めたとき，その物体には押しのけた液体の［重さ］と等しい浮力が［上］向きにはたらく。
力の合成・分解	合力	①2つの力の向きが等しいとき，その2力がつくる合力の大きさは2力の［和］となり，向きは2力と［同じ］になる。 ②2つの力の向きが逆のとき，その2力がつくる合力の大きさは2力の［差］となり，向きは大きい方の力と［同じ］になる。 ③2つの力の方向が異なるとき，その2力がつくる合力は，2力を表す矢印を2辺とする平行四辺形の［対角線］になる。
	分力	1つの力を2つの力に分けた分力は，1つの力を対角線とする［平行四辺形］のとなり合う2辺となる。
速さ	平均の速さの求め方	速さ〔m/s〕＝$\dfrac{\text{［移動距離］〔m〕}}{\text{かかった時間〔s〕}}$
慣性	［慣性］の法則	物体に力がはたらいていない，または，はたらいているが［つり合って］いるとき，静止している物体は［静止］し続け，運動している物体は［等速直線運動］を続けようとする。
作用・反作用	［作用・反作用］の法則	物体に力を加えると，加えた方もその物体から，加えた力と［同じ］大きさで［逆］向きの力を受ける。

関係項目	公式・法則名等	内容
仕事	仕事の求め方	仕事〔J〕 ＝力の大きさ〔N〕×［力の向き］に動いた距離〔m〕
	仕事の原理	仕事の量は道具を使わなくても道具を使っても［変わらない］。
	仕事率の求め方	仕事率〔W〕＝$\dfrac{\text{仕事〔J〕}}{\text{［かかった時間］〔s〕}}$
エネルギー	力学的エネルギー	位置エネルギーと運動エネルギーの［和］。
	力学的エネルギーの保存	位置エネルギーと運動エネルギーは互いに移り変わるが，その和は［変わらない］。
	エネルギーの保存	エネルギーはさまざまなエネルギーに移り変わるが，その総和は［変わらない］。
化学変化	質量保存の法則	化学変化の前後で，原子の組み合わせは変化するが，原子の［種類］と［数］は変化しないので，物質全体の［質量］は変わらない。
	化学変化する物質の質量の割合	化学変化で，結びつく物質の質量の割合は［一定］である。
顕微鏡	顕微鏡の倍率	顕微鏡の倍率 ＝［接眼レンズ］の倍率×対物レンズの倍率
遺伝	遺伝の規則性	①対立形質をもつ純系どうしをかけ合わせると，子には一方の形質しか現れない。 現れる方の形質を［顕性形質］，現れない方の形質を［潜性形質］という。
		②対になった遺伝子は，減数分裂のときに分かれて［別々］の生殖細胞に入る（［分離］の法則）。
湿度	湿度の求め方	湿度〔%〕 $=\dfrac{\text{空気}1\text{m}^3\text{中に含まれる水蒸気量〔g/m}^3\text{〕}}{\text{その気温での［飽和水蒸気量］〔g/m}^3\text{〕}}\times 100$
南中高度	太陽の南中高度の求め方（北半球）	春分・秋分：90°－［緯度］ 夏至：90°＋[23.4]°－緯度 冬至：90°－[23.4]°－緯度

おもな化学反応式

反応名	化学反応式
炭酸水素ナトリウムの熱分解(ねつぶんかい)	2[$NaHCO_3$] → Na_2CO_3 + H_2O + [CO_2] 炭酸水素ナトリウム　炭酸ナトリウム　[水]　二酸化炭素
酸化銀の熱分解	$2Ag_2O$ → 4Ag + [O_2] 酸化銀　[銀]　酸素
水の電気分解	2[H_2O] → [$2H_2$] + O_2 水　水素　[酸素]
塩化銅水溶液の電気分解	$CuCl_2$ → [Cu] + Cl_2 塩化銅　銅　[塩素]
塩酸の電気分解	2[HCl] → H_2 + [Cl_2] 塩酸　[水素]　塩素
鉄と硫黄(いおう)の反応	[Fe] + S → FeS 鉄　硫黄　[硫化鉄]
銅の酸化(さんか)	2[Cu] + O_2 → 2[CuO] 銅　酸素　酸化銅
マグネシウムの燃焼(ねんしょう)	2[Mg] + O_2 → 2MgO マグネシウム　酸素　[酸化マグネシウム]
酸化銅の炭素による還元(かんげん)	2[CuO] + C → 2Cu + [CO_2] 酸化銅　炭素　[銅]　二酸化炭素
水素の発生	[Zn] + 2HCl → [$ZnCl_2$] + [H_2] 亜鉛　塩酸　塩化亜鉛　水素
塩酸と水酸化ナトリウム水溶液の中和(ちゅうわ)	HCl + [NaOH] → NaCl + [H_2O] 塩酸　水酸化ナトリウム　[塩化ナトリウム]　水
塩化水素の電離(でんり)	HCl → H^+ + [Cl^-] 塩化水素　[水素イオン]　塩化物イオン
水酸化ナトリウムの電離	NaOH → Na^+ + [OH^-] 水酸化ナトリウム　[ナトリウムイオン]　水酸化物イオン
塩化ナトリウムの電離	NaCl → [Na^+] + Cl^- 塩化ナトリウム　ナトリウムイオン　[塩化物イオン]

周期表

周期＼族	1	2	3	4	5	6	7	8	9
1	1 H [水素]								
2	3 Li リチウム	4 Be ベリリウム							
3	11 Na [ナトリウム]	12 Mg [マグネシウム]							
4	19 K [カリウム]	20 Ca [カルシウム]	21 Sc スカンジウム	22 Ti チタン	23 V バナジウム	24 Cr クロム	25 Mn マンガン	26 Fe [鉄]	27 Co コバルト
5	37 Rb ルビジウム	38 Sr ストロンチウム	39 Y イットリウム	40 Zr ジルコニウム	41 Nb ニオブ	42 Mo モリブデン	43 Tc テクネチウム	44 Ru ルテニウム	45 Rh ロジウム
6	55 Cs セシウム	56 Ba [バリウム]	57~71 ランタノイド	72 Hf ハフニウム	73 Ta タンタル	74 W タングステン	75 Re レニウム	76 Os オスミウム	77 Ir イリジウム
7	87 Fr フランシウム	88 Ra ラジウム	89~103 アクチノイド	104 Rf ラザホージウム	105 Db ドブニウム	106 Sg シーボーギウム	107 Bh ボーリウム	108 Hs ハッシウム	109 Mt マイトネリウム

原子番号 — 1 H — 元素記号
水素 — 元素名

＊ランタノイド，アクチノイドに属する元素は省略。

＊━━━線より上に記された元素は，非金属元素

＊━━━線より下に記された元素は，金属元素

10	11	12	13	14	15	16	17	18
								2 He ヘリウム
			5 B ホウ素	6 C [炭素]	7 N [窒素（ちっそ）]	8 O [酸素]	9 F フッ素	10 Ne ネオン
			13 Al [アルミニウム]	14 Si ケイ素	15 P リン	16 S [硫黄（いおう）]	17 Cl [塩素]	18 Ar アルゴン
28 Ni ニッケル	29 Cu [銅]	30 Zn [亜鉛（あえん）]	31 Ga ガリウム	32 Ge ゲルマニウム	33 As ヒ素	34 Se セレン	35 Br 臭素（しゅうそ）	36 Kr クリプトン
46 Pd パラジウム	47 Ag [銀]	48 Cd カドミウム	49 In インジウム	50 Sn スズ	51 Sb アンチモン	52 Te テルル	53 I ヨウ素	54 Xe キセノン
78 Pt 白金（はっきん） (プラチナ)	79 Au 金	80 Hg 水銀	81 Tl タリウム	82 Pb 鉛（なまり）	83 Bi ビスマス	84 Po ポロニウム	85 At アスタチン	86 Rn ラドン
110 Ds ダームスタチウム	111 Rg レントゲニウム	112 Cn コペルニシウム	113 Nh ニホニウム	114 Fl フレロビウム	115 Mc モスコビウム	116 Lv リバモリウム	117 Ts テネシン	118 Og オガネソン

（淡い網掛け）…単体が常温で気体のもの：He, N, O, F, Ne, Cl, Ar, Kr, Xe, Rn

（濃い網掛け）…単体が常温で液体のもの：Br, Hg

植物の分類

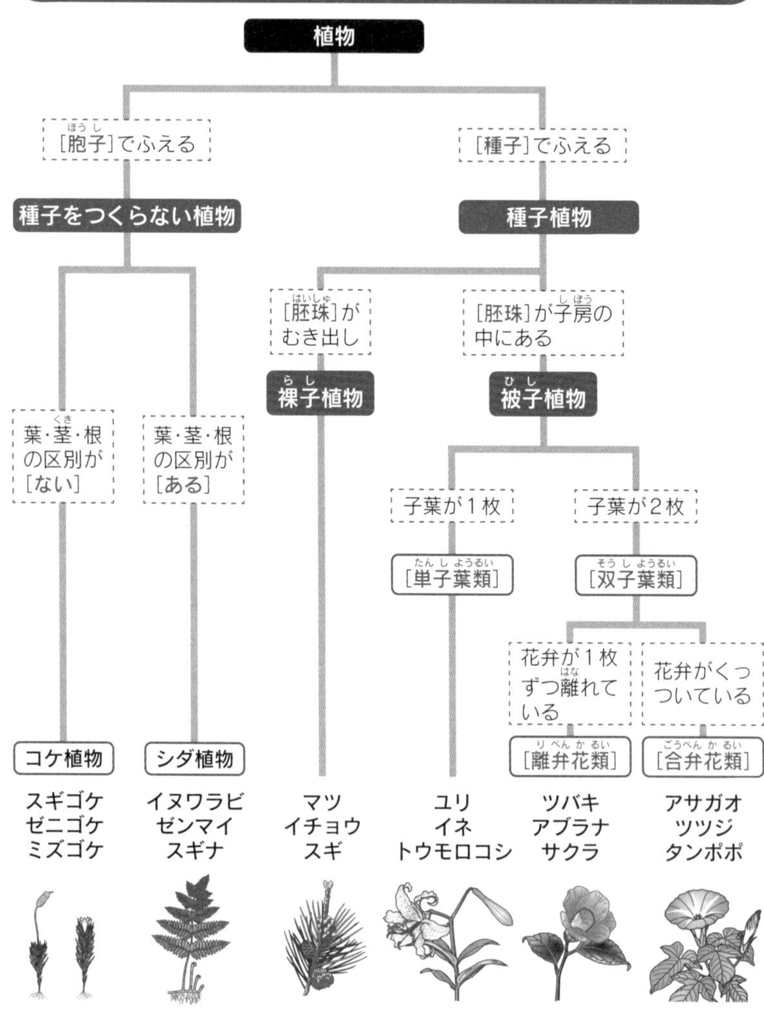
植物
[胞子]でふえる
[種子]でふえる
種子をつくらない植物
種子植物
[胚珠]が
むき出し
[胚珠]が子房の
中にある
裸子植物
被子植物
葉・茎・根
の区別が
[ない]
葉・茎・根
の区別が
[ある]
子葉が1枚
子葉が2枚
[単子葉類]
[双子葉類]
花弁が1枚
ずつ離れて
いる
花弁がくっ
ついている
[離弁花類]
[合弁花類]
コケ植物
シダ植物
スギゴケ
ゼニゴケ
ミズゴケ
イヌワラビ
ゼンマイ
スギナ
マツ
イチョウ
スギ
ユリ
イネ
トウモロコシ
ツバキ
アブラナ
サクラ
アサガオ
ツツジ
タンポポ

動物の分類

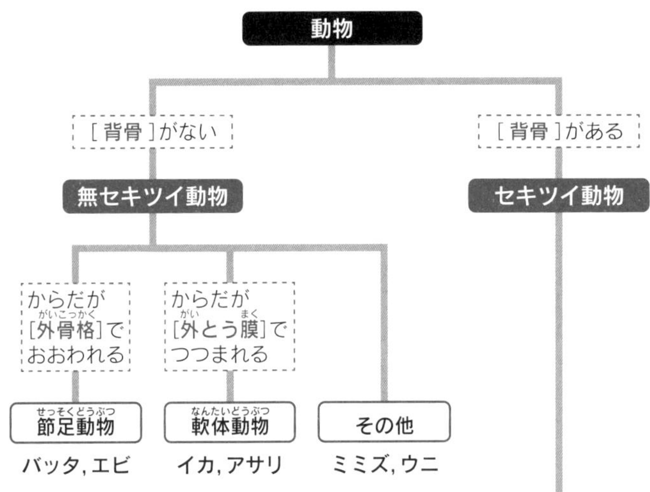

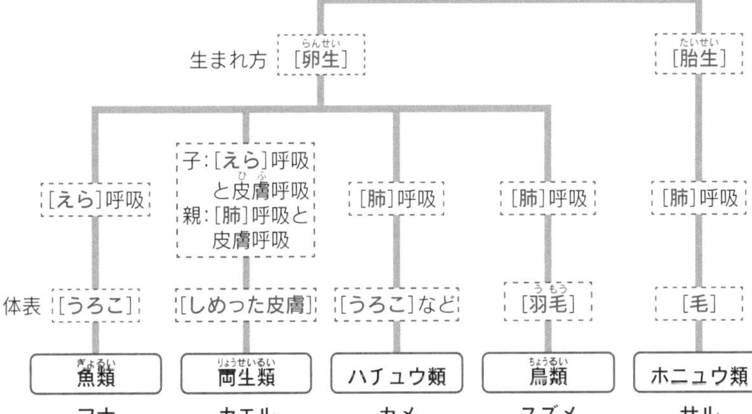

魚類	両生類	ハチュウ類	鳥類	ホニュウ類
フナ	カエル	カメ	スズメ	サル
メダカ	イモリ	ヘビ	ハト	ネコ
サメ	オオサンショウウオ	ヤモリ	ペンギン	クジラ

火山・鉱物・岩石

▶マグマのねばりけと火山のようす

マグマのねばりけ	[大きい（強い）] ←→ [小さい（弱い）]		
溶岩の色	[白っぽい] ←→ [黒っぽい]		
火山の形	おわんをふせたような形	円すい形	うすく横に広がった形
噴火のようす	[激しく] 爆発的な噴火	溶岩と火山灰が交互に重なるような噴火	[おだやか] な噴火
例	[雲仙普賢岳]・昭和新山・有珠山	[桜島]・浅間山・富士山	[マウナロア]・キラウエア

▶鉱物

	[無色] 鉱物		[有色] 鉱物			
鉱物	[セキエイ]	[チョウ石]	[クロウンモ]	[カクセン石]	[キ石]	[カンラン石]
形	不規則	柱状や短冊状	六角形の板状	長い柱状や針状	短い柱状や短冊状	丸みのある立方体
色	無色 白色	白色 灰色・うすい桃色	黒色 褐色	濃い緑色～黒色	暗褐色	黄緑色～緑褐色
その他の特徴	不規則に割れる。	決まった方向に割れる。	決まった方向にうすくはがれる。	柱状に割れる。	柱状に割れる。	ガラス状で，不規則に割れる。

▶火成岩と鉱物の関係

火山岩（急に冷やされる ［ 斑状 ］組織）		［ 玄武岩 ］	安山岩	［ 流紋岩 ］
深成岩（ゆっくり冷やされる ［ 等粒状 ］組織）	かんらん岩	［ 斑れい岩 ］	せん緑岩	［ 花こう岩 ］
色	［ 黒っぽい ］ ⟷			［ 白っぽい ］
おもな鉱物の割合 （体積比）	カンラン石 その他	キ石	チョウ石 カクセン石	セキエイ クロウンモ
二酸化ケイ素の量〔質量%〕	約45%	約52%	約66%	

▶堆積岩

岩石	特徴	
れき岩	粒の直径…［2］mm 以上	・岩石や鉱物のかけらでできている。 ・粒は［丸み］を帯びている。
砂岩	粒の直径…$\left[\frac{1}{16}\right]$mm～［2］mm	
泥岩	粒の直径…$\left[\frac{1}{16}\right]$mm 以下	
石灰岩	・［生物の遺がい］や海水中の炭酸カルシウムが沈殿したもの。 ・［うすい塩酸］をかけると，［二酸化炭素］の泡が出る。	
チャート	・［生物の遺がい］や海水中の二酸化ケイ素が沈殿したもの。 ・うすい塩酸をかけても気体は［発生しない］。	
凝灰岩	・［火山灰］や軽石などの火山噴出物でできている。 ・角ばった粒が多い。	

天気図記号

▶天気記号

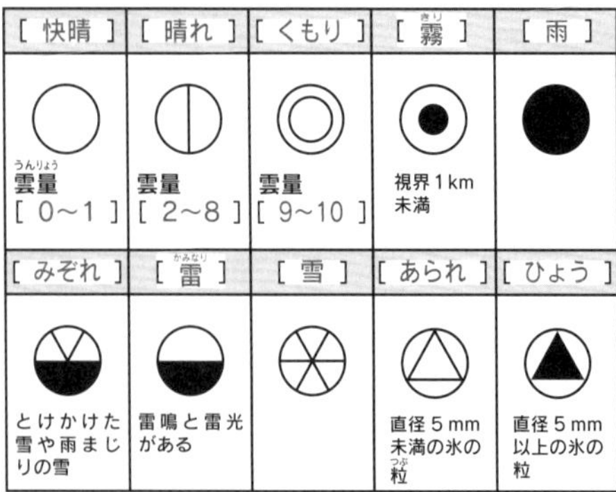

▶風力記号

風力	記号	風力	記号
風力[1]		風力[7]	
風力[2]		風力[8]	
風力[3]		風力[9]	
風力[4]		風力[10]	
風力[5]		風力[11]	
風力[6]		風力[12]	

▶天気図記号の例

[北東]の風・風力[4]・天気 [晴れ]

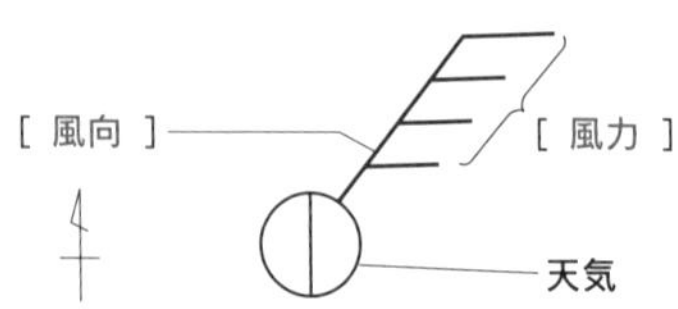